古代耕织与劳作

徐潜/主编
张克 崔博华/副主编
李济宁 魏莹/编著

吉林文史出版社

图书在版编目（CIP）数据

古代耕织与劳作 / 徐潜主编．—长春：吉林文史出版社，2013．3

ISBN 978-7-5472-1476-3

Ⅰ．①古…　Ⅱ．①徐…　Ⅲ．①农业史-中国-古代-通俗读物　Ⅳ．①S-092．2

中国版本图书馆 CIP 数据核字（2013）第 062784 号

古代耕织与劳作

GUDAI GENGZHI YU LAOZUO

出 版 人　孙建军
主　　编　徐　潜
副 主 编　张　克　崔博华
责任编辑　崔博华　董　芳
装帧设计　昌信图文
出版发行　吉林文史出版社有限责任公司（长春市人民大街 4646 号）
　　　　　www.jlws.com.cn
印　　刷　三河市燕春印务有限公司
版　　次　2014 年 2 月第 1 版　2021 年 3 月第 3 次印刷
开　　本　720mm×1000mm　1/16
印　　张　13
字　　数　250 千
书　　号　ISBN 978-7-5472-1476-3
定　　价　33.80 元

序　言

民族的复兴离不开文化的繁荣，文化的繁荣离不开对既有文化传统的继承和普及。这套《中国文化知识文库》就是基于对中国文化传统的继承和普及而策划的。我们想通过这套图书把具有悠久历史和灿烂辉煌的中国文化展示出来，让具有初中以上文化水平的读者能够全面深入地了解中国的历史和文化，为我们今天振兴民族文化，创新当代文明树立自信心和责任感。

其实，中国文化与世界其他各民族的文化一样，都是一个庞大而复杂的“综合体”，是一种长期积淀的文明结晶。就像手心和手背一样，我们今天想要的和不想要的都交融在一起。我们想通过这套书，把那些文化中的闪光点凸现出来，为今天的社会主义精神文明建设提供有价值的营养。做好对传统文化的扬弃是每一个发展中的民族首先要正视的一个课题，我们希望这套文库能在这方面有所作为。

在这套以知识点为话题的图书中，我们力争做到图文并茂，介绍全面，语言通俗，雅俗共赏。让它可读、可赏、可藏、可赠。吉林文史出版社做书的准则是“使人崇高，使人聪明”，这也是我们做这套书所遵循的。做得不足之处，也请读者批评指正。

编　者

2012年12月

目　录

一、古代农业　/ 1

二、古代园艺　/ 47

三、古代纺织　/ 81

四、古代手工业　/ 115

五、三百六十行　/ 151

古代农业

中国农业发生于新石器时代，中国的黄河、长江流域是世界农业起源地之一。精耕细作农业是对中国传统农业精华的一种概括，指的是传统农业的一个综合技术体系，萌芽于夏商周时期，战国、秦汉、魏晋南北朝是技术成形期，隋唐宋辽金元是精耕细作的扩展期，明清是深入发展期。为了提高土地生产率，人们通过提高耕作技术来提高单位面积产量，充分发挥土地潜力，在北方形成耕耙耱技术，南方形成耕耙耖技术。

一、农业的起源

地球上的农耕发明是在采集经济基础上产生的，时间大约是在一万年前的旧石器时代末期或新石器时代初期。人们在长期的采集野生植物的过程中，逐渐掌握了一些可食植物的生长规律，经过无数次的实践，最终将它们栽培为农作物，从而发明了农业。

（一）有关农业起源的神话传说

关于我国农业的起源，古代书籍中有许多美丽动听的传说故事，从这些传说中，我们可以了解到原始农业的基本面貌。

1. 钻木取火

燧人氏是新石器初期河套附近的一个母系氏族，他们打猎时发现，打击野兽的石块与山石碰撞时会产生火花，于是受到启发，发明了钻木取火。

钻木取火就是用坚硬的木头较尖的一端在另一块坚硬的木头上快速地打钻，靠摩擦产生的热量来点燃木头，再加些干草、树枝，轻轻地吹，便燃烧了起来，也就产生了火。人工取火的发明结束了人类茹毛饮血的时代，开创了人类文明的新纪元。所以，燧人氏一直受到人们的敬重和崇拜，被奉为“火祖”。

燧人氏不仅发明了“钻木取火”，还发明了“结绳记事”，用编结草绳的方法来帮助记录各种事情。

燧人氏在昆仑山立木观察星象祭天，发现了“天道”；又开始为山川百物命名，而有“地道”；还以风姓为人类命名，对人的婚姻交配有了血缘上的限制，也就是“人道”，从此开始了中国的文明历史。

2. 伏羲传说

伏羲是中华民族的人文始祖，以他的时代为标志，中华民族开始跨入了文明的门槛。在伏羲时代，原始的畜牧业有了很

大发展，原始农业逐渐起步，出现了农牧并举的局面，这是中国农业的初始阶段。

相传伏羲人首蛇身，他善于观察天文、气象、地理、生物等自然现象，并创立了“八卦”。他教人们通过书写记事代替简单的结绳记事法；制定了婚丧嫁娶的制度，用兽皮做成衣服穿，使人们逐渐知道了礼仪；他还教人们结网捕鱼的技术，开始饲养牲畜，因此我们把伏羲看作是养殖业的创始人。

3. 神农尝草

神农氏是传说中的农业和医药的发明者。据说神农氏之前，人们吃的是爬虫走兽、果菜螺蚌，后来人口逐渐增加，食物不足，迫切需要开辟新的食物来源。神农氏为此遍尝百草，备历艰辛，多次中毒，又找到了解毒的办法，终于选择出可供人们食用的谷物，并从中发现了药材，开始教人治病。

神农氏发明制作了木耒、木耜，教人类进行农业生产。他教人们种植五谷，并不单单靠天而收，还教人们打井汲水，对农作物进行灌溉，开创九井相连的水利灌溉技术。他还制定了历法。神农氏所处的时代，是中国从原始畜牧业向原始农业发展的转变关头。

农业的出现，让人类的劳动果实有了剩余，这时候，神农氏设立集市，让大家把吃不完、用不了的食物和东西，每天中午拿到集市上去交换，从而出现了原始的商品交易。同时，他还发明了陶器——陶盆和陶罐等，解决了人类的生活用具问题。

4. 黄帝由来

黄帝，姓公孙，名叫轩辕，出生于母系氏族社会。在打败蚩尤，统一了中原各部落之后，黄帝率兵进入九黎地区，随即在泰山之巅，会合天下诸部落，举行了隆重的封禅仪式，告祭天地。突然，天上显现大蚓大蝼，色土黄，人们说他以土德为帝，故自称为“黄帝”。

黄帝在农业生产方面有许多创造发明，其中主要的是实行田亩制。黄帝之前，田无边际，耕作都没有计算，黄帝以步丈亩，将全国土地重新划分，划成“井”字，中间一块为“公亩”，归政府所有；四周八块为“私田”，由八家合

种，收获缴政府。还对农田实行耕作制，及时播种百谷、发明杵臼、开辟园圃、种植果木蔬菜、种桑养蚕、饲养兽禽、进行放牧等。

黄帝族兴起于西北黄土高原，活动中心在黄河中下游地区，这里土质疏松，植被稀少，刀耕火种的山地农业被锄耕农业代替，采猎经济逐渐萎缩，种植业进一步发展起来。

黄帝时代进行较大规模的农业开发，种植耐旱的粟黍等农作物，从而奠定了中原地区进入文明时代的基础。

5. 后稷教稼

后稷是古代周族的始祖，是黄帝曾孙帝喾之妃姜嫄所生。传说他是有邰氏之女姜嫄踏巨人脚迹，怀孕而生，以为不祥，因一度被弃，故又名弃。

尧帝封他为农官，舜帝给他的封号为后稷，其功勋与帝王相当。他善于种植多种粮食作物，被尊为“百谷之神”。后来，人们出于敬仰和爱戴，便尊称弃为“稷王”。

后稷不仅使五谷获取了丰收，而且懂得了粮食的春播、夏管、秋收、冬藏，总结了一套圆满的农事活动经验，开创了万古不朽的农耕伟业。

周族奉他为始祖，并认为他是最早种稷和麦的人。民以食为天，后稷可以说是中华民族几千年帝业的根主，因此产生了“江山社稷”这一说法。

6. 舜耕历山

舜是上古五帝之一。相传舜对虐待自己的父母坚守孝道，故在青年时代即为人称扬。过了十年，尧向四方诸侯之长征询继任人选，诸侯之长就推荐了舜。

尧将两个女儿嫁给舜，以考察他的品行和能力。舜不但使二女与全家和睦相处，而且在各方面都表现出卓越的才干和高尚的人格，“舜耕历山，历山之人皆让畔；渔雷泽，雷泽上人皆让居”，只要是他劳作的地方，便兴起礼让的风尚。

舜带动周围的人认真做事，精益求精，杜绝粗制滥造的现象。他到了哪里，人们都愿意追随，因而“一年而所居成聚，二年成邑，三年成都”。尧得知这些情况很高兴，赐予舜衣和琴，赐予牛羊，还为他修筑了仓房。

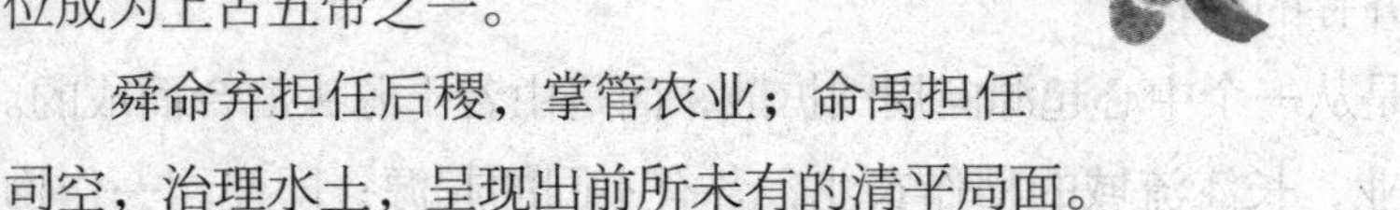

后来尧让舜参与政事，管理百官，接待宾客，经受各种磨炼。舜不但将政事处理得井井有条，而且在用人方面也有所改进。经过多方考验，舜终于得到尧的认可。选择吉日，举行大典，尧禅位于舜，后来舜继尧之位成为上古五帝之一。

舜命弃担任后稷，掌管农业；命禹担任司空，治理水土，呈现出前所未有的清平局面。

7. 大禹治水

相传在四千多年前的尧舜时代，我国黄河流域经常洪水泛滥。鲧采用修筑堤坝围堵洪水的办法治水，没有成功。鲧的儿子禹继续治理洪水，禹吸取了他父亲治水失败的惨痛教训，改用疏导的策略。他以水为师，善于总结水流运行规律，利用水往低处流的自然流势，因势利导治理洪水。他带领百姓，根据地形地势疏通河道，排除积水，洪水和积涝得以回归河槽，流入大海。经过十多年的艰苦努力，终于制服了洪水。大禹的功绩不仅在于使人们的生产、生活有了保障，使世世代代的居民免除了水患，同时扩大了农耕区，发展了农业生产。

（二）古代农业的起源、特点和发展时期

1. 中国古代农业的起源

我国农业起源于没有文字记载的远古时代，它发生于原始采集狩猎经济的母体之中。目前已经发现了成千上万的新石器时代原始农业的遗址，遍布在从岭南到漠北、从东海之滨到青藏高原的辽阔大地上，尤以黄河流域和长江流域最为密集。著名的有距今七八千年的河南新郑裴李岗和河北武安磁山以种粟为主的农业聚落、距今七千年左右的浙江余姚河姆渡以种稻为主的农业聚落以及其后的陕西西安半坡遗址等。近年又在湖南澧县彭头山、道县玉蟾岩、江西万年仙人洞和吊桶岩等地发现距今上万年的栽培稻遗存。由此可见，我国农业起源可以追溯到距今一万年以前，到了距今七八千年，原始农业已经相当发达了。

2. 中国古代农业的特点

在种植业方面，很早就形成“北粟黍、南水稻”的格局。中国的原始农具，

如翻土用的耒耜、收割用的石刀，也表现了不同地区的特色。

在畜养业方面，中国最早饲养的家畜是狗、猪、鸡和水牛，以后增至六畜（马、牛、羊、猪、狗、鸡）。中国是世界上最大的作物和畜禽起源中心之一。

我国大多数地区的原始农业是从采集渔猎经济中直接产生的，种植业处于核心地位，家畜饲养业作为副业存在，同时又以采集狩猎为生活资料的补充来源，形成农牧采猎并存的结构。

中国农业并不是从一个中心起源向周围扩散，而是由若干源头汇合而成的。黄河流域的粟作农业，长江流域的稻作农业，各有不同的起源；即使同一作物区的农业也可能有不同的源头。我国农业在其发展过程中，由于各地自然条件和社会传统的差异，经过分化和重组，逐步形成不同的农业类型。这些不同类型的农业文化成为不同民族集团形成的基础。中国古代农业，是由这些不同地区、不同民族、不同类型的农业融汇而成，并在相互交流和碰撞中向前发展的。

3. 中国古代农业的发展时期

中国古代农业可以分为六个发展阶段：

（1）农业技术的萌芽时期

新石器时代（距今约10000—4000年以前）。中国农业大约起源于一万年前。农业的产生，为人类的文明进步奠定了坚实的基础。

（2）农业技术的初步形成时期

夏、商、周（约前2100—前771年）。这一时期，中国发明了金属冶炼技术，青铜农具开始应用于农业生产，水利工程开始兴建，农业技术有了初步的发展。

（3）精耕细作的发展时期

春秋战国（前770—前221年）。这是中国社会大变革和科技文化大发展时期。炼铁技术的发明标志着新的生产力登上了历史舞台，铁农具和畜力的利用，推动了农业生产的大发展。

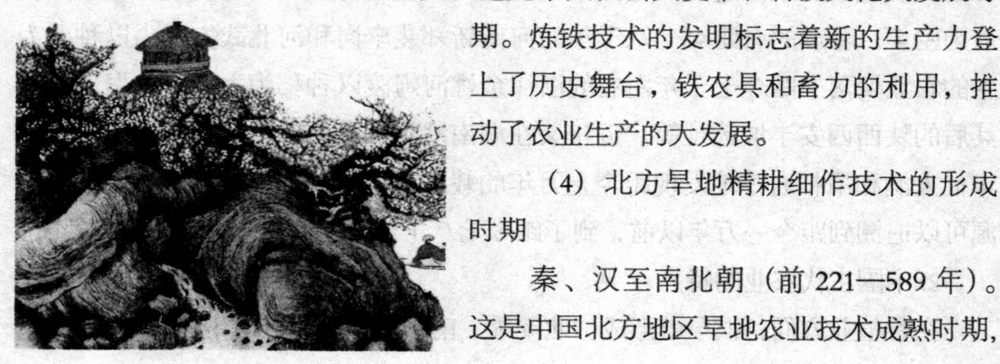

（4）北方旱地精耕细作技术的形成时期

秦、汉至南北朝（前221—589年）。这是中国北方地区旱地农业技术成熟时期，

耕、耙、耱配套技术形成，多种大型复杂的农具先后发明并运用。

（5）南方水田精耕细作的形成时期

隋、唐、宋、元（581—1368年）。经济重心从北方转移到南方，南方水田配套技术形成，水田专用农具的发明与普及，使南北方农业同时获得大发展。

（6）精耕细作的深入发展时期

明朝至清前中期（1368—1840年）。这一时期，中国普遍出现人多地少的矛盾，农业生产向进一步精耕细作化发展。美洲新大陆的许多作物被引进中国，对中国的农作物结构发生重大影响，多种经营和多熟种植成为农业生产的主要方式。

二、不同时期的农业发展

（一）精耕细作农业的成型期

从春秋、战国开始，中经秦、汉、魏、晋以及南北朝，这是我国封建地主经济制度形成和向上发展的时期。随着封建地主制的形成和确立，生产力获得迅速的发展，出现了战国和前汉两次农业生产的高潮。

农业工具在这一时期有了很大的变化，铁犁、牛耕成为主要的耕作方式，农业动力也由人力发展到畜力以至水力和风力，这种变化使整个农业生产和社会经济大为改观。

在北方，旱地农业占主要地位，耕作制度由休闲制转为连作制。在南方，水田获得进一步的开发，促使水利建设出现高潮，一批大规模的水利灌溉工程相继兴建。

这一时期，农业技术有了很大发展，北方旱地农业技术体系形成并日臻成熟，最突出的是形成了耕—耙—耢一整套耕作措施。人工施肥受到普遍的重视，人畜粪尿、绿肥作物、墙土等相继被用作肥料；选种技术有了较大进步，培育出众多的作物品种；病虫害及其他自然灾害的防治技术有了可观的成就；孕育出像《齐民要术》这样代表当时世界农学最高水平的名著，这标志着我国精耕细作农业技术体系已经成型。

战国、秦、汉时代，南方仍然是地广人稀，但局部地区农业生产已比较进步，而相当一部分地区仍然保留着火耕水耨的习惯。魏晋以来，北方人口的大量南移加速了南方的开发，使得南方农业技术有了跃进，精耕细作技术体系逐步完成。

在生产结构和布局方面，进居中

原的游牧民族产生了分化，大部分接受了农耕文明，少部分被斥逐于塞北，逐渐演变成游牧民族和农耕民族，有着明显地区分隔的格局。这种格局在战国时代形成，其影响一直延续到今天。

这一时期内，农区以种植业为主，农桑并重，实行多种经营，畜牧业也比较发达。在农区与牧区之间，平常通过互市和民间交流进行经济联系，并不时发生战争。秦汉统治阶级为了抵御北方游牧民族的侵扰，在西北地区屯田和移民，使农耕经济方式向牧区推进，在农区与牧区之间形成一个半农半牧的地区。魏晋南北朝时期，北方游牧民族大量进入中原，一度把部分农田改为牧场，但很快他们就接受了汉族的农耕文明，形成了以种植业为主、农牧结合、多种经营的生产结构，这是我国历史上游牧民族和农耕民族的第二次大融合。

（二）精耕细作农业的扩展时期

隋、唐、宋、辽、夏、金、元诸代，是我国封建地主经济制度走向成熟的时期。由北魏开始的均田制在隋唐时代继续实行，唐中后期逐渐瓦解，到了宋代租佃制度全面确立，农业生产出现了又一次高潮。

另一个历史性变化是全国经济重心从黄河流域转移到长江以南地区。这一转移从魏晋南北朝开始，隋唐时期继续发展，到宋代最后完成。

这一时期，农业工具继续有着重大发展，旱地、水田农具均已配套齐全，已达到接近完善的地步。例如使用轻便的曲辕犁，用于深耕的铁搭，适应南方水田作业的耖、耘荡、龙骨车、秧马和联合作业的高效农具如粪耧、推镰、水转连磨等。

由于人口增加（尤其是在南方）和土地兼并的发展，出现了“与山争地”和“与水争地”的浪潮。在中部和南部的山区，适应水稻上山的需要，“梯田”在这一时期发展了起来；在江南水乡，则出现圩田、涂田、沙田、架田等土地

利用方式。这一时期，水利灌溉工程南北各地均有所发展，但建设的大头在南方，而南方又以小型水利工程为主。

在耕作制度方面，轮作复种有所发展，最突出的是南方以稻麦复种为主的一年两熟制已相当普遍。北方旱地农业技术继续有所发展，但比较缓慢。农业技术最重大的成就是南方水田精耕细作技术体系的形成。水稻育秧、移栽、烤田、耘耨等都有了进一步发展。为了适应一年两熟的需要，更重视施肥以补充地力，肥料种类增加，讲求沤制和施用技术。南宋陈旉在其《农书》中对南方水田耕作技术作了总结，提出了“地力常新壮”的理论，标志着我国精耕细作农业在广度和深度上达到了一个新的水平。

这一时期的作物构成也发生了很大变化，北方小麦种植面积继续扩大，并向江南地区推广；南方的水稻种植进一步发展，并向北方扩展，终于取代了粟而居于粮食作物的首位。原来为少数民族首先栽种的西北的草棉和南方的木棉传至黄河流域和长江流域，取代了蚕丝和麻类成为主要的衣着原料。在农区的牲畜构成上，马的比重逐渐降低，耕牛进一步受到重视，养猪继续占据重要地位。

生产结构也发生了一系列变化。唐代以国营养马业为主的大型畜牧业达到极盛；中唐以后，由于吐蕃等少数民族的侵占和土地兼并的发展，传统牧场渐衰，大型畜牧业也走向没落，小农经营的小型畜牧业成了畜牧业的基本经营方式。其他经营也有所发展，如茶叶、甘蔗、果树、蔬菜的栽培有较大发展，花卉业兴起了。

在这一时期内，原以游牧为主的契丹、女真、蒙古等族相继进入中原，出现了中国历史上游牧民族和农耕民族的第三次大融合。但这一次没有出现中原农区大规模农田改牧场的情况，相反，它加速了中原农耕文化向北方地区的伸展。随着元帝国的崩溃，北方游牧经济的黄金时代也就基本上结束了。

（三）精耕细作农业持续发展时期

明代和鸦片战争以前的清代，封建地主经济

制度仍然是有活力的，只是在制度的范围内进行了若干次调整，定额租成为主导的地租形式，佃农的人身依附关系更加松弛，经营自主权加强，因此农业生产在明代和清代又相继出现新的高潮。

顺治到道光的一百多年间，全国人口由几千万激增到突破四亿大关，人口的这种急剧增长显然是与农业发展给予的物质保障有关，但又对农业的发展方向产生较大的影响，由此而导致全国出现人多地少的格局。

农业生产工具在这一时期没有太大的发展，一方面是由于在当时的条件下，农具改进已临近它的历史极限；另一方面由于人多地少、劳力充裕，抑制了提高劳动效率的新式工具的产生。

解决人多地少所导致的民食问题的主要途径是提高土地利用率。多熟种植的迅速发展成了这一时期农业生产的突出标志。在江南地区，双季稻开始推广，在华南和台湾部分地区，出现了一年三熟的种植制度，在北方，两年三熟制获得了发展。有些地方甚至出现了粮菜间套作一年三熟和两年三熟的最大限度利用土地的方式。

农业技术又获得发展，进一步强调深耕，耕法也更为细致，出现了套耕、转耕等方法。肥料的种类、酿施继续有长足的进步，接近传统农业所能达到的极限。作物品种的选育有很大发展，地方品种大量涌现。各种作物的栽培方法也有不少新创造。在传统农业技术继续发展的同时，西方农业科学技术开始传进。这一时代出现了像《农政全书》这样集传统农业科学技术大成的著作，也出现了一些高水平的地方性农书。

作物构成发生了显著变化，影响最为深远的是美洲新大陆作物的引进。玉米、甘薯、马铃薯等耐旱耐瘠高产作物恰好适应了人口激增的需要，获得迅速推广。烟草、花生、番茄、向日葵等经济作物的引进，丰富了我国人民的经济生活。总体上看，高产水稻的优势进一步加强，牲畜结构的变化不大。

明清时期，农业区获得相当大的扩展。如明代对内蒙的屯垦；清代内蒙、东北的开垦；新疆、西南边疆、东南海岛和内地山区的开发等。农业区扩展的过程也是精耕细作的农业技术推广的过程，尤其是东北开辟成重要农业区。但森林资源由此遭到进一步破坏，传统牧区面积缩小，畜牧业在国民经济中的比重再一次下降，出现了农林牧比例失调的趋向。

三、农耕技术的创造

（一）整地技术

原始的生产过程只有整地、播种、收获、加工四个环节。除了播种可以直接用手以外，整地、收获、加工都要使用工具。原始农业可分为火耕（或称刀耕）农业和耜耕（或称锄耕）农业。火耕农业的特点是生产工具只有石斧、石锛和木棍（耒）或竹竿，用石斧、石锛砍倒树木，晒干后放火焚烧，然后在火烧地上点播或撒播种子。耜耕农业的特点是除石斧、石锛之外，还创造了石耜、石锄等翻土工具，生产技术也由砍倒烧光转到平整土地上来。

六千多年前的原始稻作已有固定的田块，除了垦辟田面、修筑田埂之外，还要开挖水井、水塘和水沟，由此可见，当时的整地技术已有一定的水平。

商周时期，已出现了许多整地农具，除了耒耜之外，还有金属农具锸、镢、锄、犁等，说明当时对整地已相当重视，但尚未提出深耕。修沟洫成为当时农田建设中的首要任务，除了在农田周围开挖沟渠外，还要在田中翻土起垄，并且根据地形和水流走向，将垄修成南北向或东西向，这也是垄作的萌芽。

春秋战国时期，对整地已明确要求做到“深耕熟耰”，即要求深耕之后将土块打得很细，以减少蒸发，保持土中水分，达到抗旱、保墒、增产的目的。深耕要求做到“其深植之度，阴土必得”（《吕氏春秋·任地》），即要耕到有底墒的地方，以保证作物根部能吸收到地下水分。因此，整地的劳动强度就十分大，需要有更适用的农具，于是铁农具应运而生并得到推广。原来的木耒这时也装上铁套刃，提高了翻土的功效；原来的木耜也装上金属套刃，变成了铜锸和铁锸。

铁镢的出现更是适应深耕的需要，垄作由萌芽状态已经演变成为一种较为完备

的“甽亩法”（甽就是沟，亩就是垄），即将田地翻成一条条沟垄。战国时期盛行的铁锄就适于平整垄面，而铁镢则更适于开挖甽沟。实行垄作，可以加深耕土层，提高地温，便于条播，增加通风透光，利于中耕锄草，增强抗旱防涝能力，从而达到提高产量的目的。但开沟起垄，劳动量很大，仅凭人力较难满足这一客观要求，人们便开始用牛耕。可见，战国时期牛耕的推广和垄作技术是有密切关系的。

到了汉代，对整地的要求更加严格，除了深耕，还要细锄。西汉农书《氾胜之书》对耕作已明确指出：“凡耕之本，在于趣时、和土、务粪泽、早锄、早获。”就是要及时耕作，改良土壤，重视肥料和保墒灌溉；及早中耕，及时收获。东汉王充在《论衡·率性》中也提出“深耕细锄，厚加粪壤，勉致人工，以助地力”的基本要求，都是将农业生产过程作为一个整体，而以整地为田间作业的最重要环节。深耕细锄是汉代农业生产对整地的技术要求。

到魏晋南北朝时期，北方旱地农业以精耕细作为特征的整地技术已趋于成熟，形成了一套耕—耙—耱的技术体系。即在耕地之后，要用耙将土块耙碎，再用耱将土耱细。当时南方水田生产中的整地技术缺乏文字记载，但从考古资料分析，南方水田也已采用耕耙技术，只是耙的结构和北方不同。耙的形状与元明时期的耖类似，上有横把，下装六齿，用绳索套在水牛肩上牵引，人以两手按之。这种耙适于水田耕作，可将田泥耙得更加软熟平整，以利于水稻的播种和插秧。可见，南方的水田作业早已脱离“火耕水耨”的原始状态而走上精耕细作的道路。

唐宋以后，我国北方的旱作农业整地技术一直是继承耕—耙—耱的传统，南方则形成耕—耙—耖的技术体系，在生产中都发挥了很大作用。

（二）播种技术

原始农业的播种技术比较简单，只有穴播和撒播两种。穴播先用于种植块根、块茎植物，后来才用于播种谷物。撒播则用于播种粮食作物，是用手直接

抛撒。

商周时期的播种方法还是以撒播为主。但《诗经·大雅·生民》已有"禾役穟穟"诗句，联系西周时期田中已有"亩"（垄），推测当时可能已出现条播的萌芽。不过真正推行条播还是在春秋战国时期，当时已认识到撒播的缺点："既种而无行，茎生而不长，则苗相窃也。"而条播则"茎生有行，故遬（速）长；弱不相害，故遬（速）大"（《吕氏春秋·辩土》）。因而垄作法在战国时得到推广，在汉代得到普及。汉代在条播方面的突出成就是发明了播种机械耧犁（也叫耧车、耩子），即是一种将开沟和播种结合在一起的农业机械。

汉代在播种技术方面的另一重大成就是水稻的移栽技术，至少在东汉就已发明了育秧移栽技术。东汉月令农书《四民·月令》中提到："五月可别稻及蓝。"别稻就是移栽水稻。育秧移栽可以促进稻株分蘖，提高产量，又可节省农田，有利复种，在水稻栽培史上是一重大突破。

魏晋南北朝时期播种的方法也是撒播、条播和点（穴）播三种。条播多用耧车，撒播和点播则是用手。

（三）中耕技术

国外有的农学家曾把我国的传统农业称之为中耕农业，中耕是我国传统农业生产技术体系中的重要环节。中耕主要是除草、松土，改善作物的生长环境。

原始农业在播种后"听其自生自实"，自然没有中耕这一环节。到了商周时期，中耕技术有了一定的发展，在西周时期，人们已认识到除草、培土对作物生长的促进作用，中耕技术得以确立。当时田间的杂草主要是莠和稂，莠是像粟苗的狗尾草；稂是像黍苗的狼尾草，都是旱田农业中的伴生杂草。当时对于莠和稂已经能识别并要求除净，可见，对除草工作已很重视。

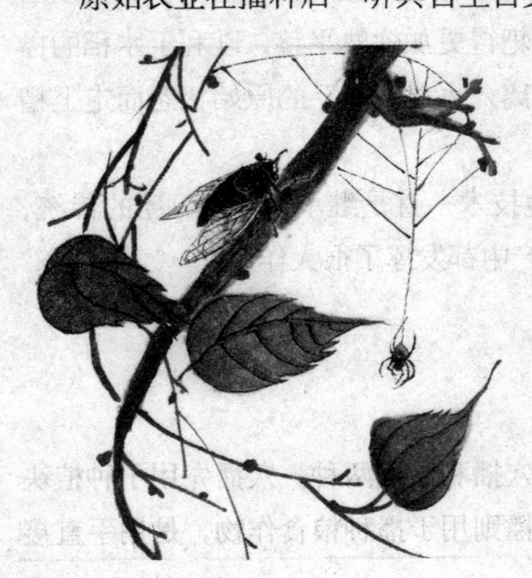

西周时期，不但强调中耕除草，而且已经利用野草来肥田了。商周时期出现

的钱镈之类的锄草农具就是为这一中耕技术服务的。

垄作技术和条播方法的推行，使中耕除草成为生产中的一个重要环节。战国时期称其为“耨”，用作耨的工具也叫作“耨”，是一种短柄的小铁锄。耨柄长有一尺，只能单手执握“蹲行甽亩之中”进行锄草工作。新出现的另一种六角形铁锄，体宽而薄，安装一长柄，人可以双手执锄站在田间锄草，既可减轻疲劳，又提高了劳动效率。因刃宽且平，锄草面积大，两肩斜削呈六角形，锄草时双肩不易碰伤庄稼，故特别适于垄作制的要求，并且一直延续使用到汉代。

汉代很强调中耕除草。《氾胜之书》就把“早锄”作为田间管理的重要环节，对各种作物都要求“有草除之，不厌数多”。汉代农具中有专门用来锄草的铁锄（如前述的六角形铁锄），锄在汉代又写作“鉏”，专门用来中耕锄草松土，不同于用来翻土整地的锸、镢等农具。

汉代水稻已采取育秧移栽技术，田中有行距，人可以下去除草。用手除草非常辛苦，但很彻底，通常是将草拔起来再塞进泥中，腐烂后可以肥田，这是用其他工具难以做到的。另一种方式是用脚将田中杂草踩入泥中，使之腐烂，但有时野草可能复活，而且速度较慢，久立还容易疲劳。一般需扶根竹棍以便于站立，又可减轻疲劳。这种方式今天在南方的一些农村中还可见到。

魏、晋、南北朝时期的中耕技术主要是继承汉代，强调多锄、深锄、锄早、锄小、锄了。《齐民要术》中有详细的记载，并指出中耕的好处除了除草之外，还可以熟化土壤，增加产量。

在锄草方式上，除人工外，还使用畜力牵引中耕农机具。河南省渑池县窖藏铁器中有一种从未见于记载的双柄铁犁，犁头呈“V”字形，两翼端向上伸一直柄，应是安装木柄扶手供操作的。柄上可连接双辕或者系绳，以牛或人为动力进行牵引。此犁不宜耕翻田地，只适于在禾苗行间穿过，松土、除草，有利保墒，可称之为耘犁，类似后来的耧锄。

（四）灌溉技术

原始农业本没有什么灌溉可言，但在考古发掘中却使人们对南方原始稻作农业的灌溉措施有了全新的认识。早期的水田是对自然低洼地的利用，尚未考虑给水、排水的需要，中期与晚期的水田已开挖相互有微落差的水田，并与水井、水塘、水路等设施配套使用。

早在六千多年前，南方稻作农业就已出现了原始灌溉技术，并有了一定规模的灌溉设施。这是很了不起的成就，也表明商周时期的灌溉技术并非无源之水。

商周时期的灌排系统主要是在农田之间挖掘很多沟渠，称之为沟洫。周代的沟洫已有一定的规模，分为旱田和水田两个系统。实际上水田的沟洫是灌排兼用，而旱田的沟洫则是以排水为主。作物成熟的季节正是雨量充足的时候，如果没有迅速排水的沟洫系统，往往暴雨成灾，冲毁农田。商周时期也重视灌溉，并掌握了一定的引水灌溉技术。沟洫灌排系统的修建，需要开挖大量的土方，迫切需要改进原有简陋的掘土工具，促进了铜类的掘土农具的产生。

春秋战国时期是我国古代农田水利大发展时期，灌溉已被视为农业生产的当务之急。当时还修建了一批直接用于农业生产的灌溉工程，著名的有河北邺县的西门豹渠、四川灌县的都江堰和陕西关中的郑国渠等。这些水利工程以及水田沟洫设施主要是利用地表水流来灌溉农田，对于地下水的利用则是靠井灌。井灌是在园圃中挖一口井，用井水灌溉蔬菜。最初是人工用瓶罐从井中取水，后来发明了提水机械——桔槔，比手工汲水要提高百倍功效。战国时期桔槔的使用并不普遍，到汉代才普及。

汉代的农田水利有很大发展。汉武帝对水利相当重视，修建了一大批大型水利工程。汉代也采用井灌的方式来浇灌园圃中的蔬菜。浇灌时，从井中提取井水直接倒在水沟中，水流顺着水沟两边的缺口流进菜地中。井水较浅，可用桔槔汲水，井水太深，桔槔够不着，就用滑轮来提取，滑轮在汉代也称辘轳。大约在东汉末期，发明了

提水功效更高的翻车，就是现在农村还在使用的手摇水车，一直是农村主要的灌溉农具，在生产中发挥着重要作用，也是我国灌溉机械史上的一项重大成就。

（五）收获技术

在原始农业生产中，因种植作物不同，其收获方法及使用的工具也不相同。收获块根和块茎作物时，除了用手直接拔取外，主要是使用尖头木棍（木耒）或骨铲、鹿角锄等工具挖取。收获谷物时则是用石刀和石镰之类的收割工具来收割。根据资料记载，人们最初是用手拔取或摘取谷穗，后来使用工具来代替，所以，最早的收割工具石刀和蚌刀等都是用来割取谷穗的。许多石刀和蚌刀两边打有缺口，便于绑绳以套在手掌中使用，晚期的石刀和蚌刀钻有单孔或双孔，系上绳子套进中指握在手中割取谷穗，不易脱落。商周以后的铜铚仍继承这一特点，一直沿用到战国时期。

至少在八千年前，石镰就已经出现，其形状与后世的镰刀颇为相似。石镰、蚌镰只是用来割取谷穗，而不连秆收割。因为当时禾谷类作物驯化不久，仍然保留着容易脱落的野生性状，用割穗的方法可以一手握住谷穗，一手割锯谷茎，避免成熟谷粒脱落而损失。另外，当时的谷物采用撒播方式播种，植株间生长不齐，要连秆一起收割极为困难。商周时期已经出现金属镰刀，但仍然采用割穗的方法收获庄稼，甚至直到汉代，还保留着这种习惯。不过，汉代已实行育秧移栽技术，田中已有株行距，水稻品种也远离野生状态，再加上铁农具的普及，铁镰轻巧锋利，具备了连秆收割的条件。而适于割取谷穗的铚，则被镰刀替代。西汉时期，有些地方开始采用连秆收割的方法，此后逐渐成为主流。

（六）脱粒加工技术

人类最早的脱粒方法是用手搓，稍后则用脚踩的方法进行脱粒。再后来，人们用木棍来敲打谷穗，使之脱粒，这种方法可以说是连枷脱粒的前身。

目前通过考古发掘，能够确认的脱粒加工农具是杵臼和磨盘。如河姆渡遗

址出土的木杵和裴李岗遗址出土的石磨盘都有七八千年的历史。石磨盘是谷物去壳碎粒的工具，杵臼则兼有脱粒和去壳碎粒的功能，因而杵臼的历史似乎应该更早一些。最原始的就是地臼，在地上挖一个坑，以兽皮作垫，用木杵舂砸采集来的谷物。继木臼之后，至少大约在七千年前出现了石杵臼，其功效比木杵臼要高许多。商周时期，石杵臼是主要的加工农具，一直到西汉才有了突破性创造，发明了利用杠杆原理的踏碓和利用畜力、水力驱动的畜力碓和水碓。但是手工操作的杵臼并未消失，而是长期在农村使用。

专门用来去壳碎粒的工具是石磨盘，其历史可追溯到旧石器时代晚期的采集经济时代。原始的石磨盘只是两块大小不同的天然石块。使用时，将大石块放在簸箕上，一端用小木墩或石头垫起，使之倾斜，把谷粒放在石块上，双手执鹅卵石碾磨，利用石板的倾斜度，使磨碎的谷粒自行落在簸箕上。考古发现八千年前的石磨盘制作已经相当精致，可见，那时谷物加工技术和功效已经达到很高的水平了。

去壳和碎粒技术以后各有发展。去壳方面出现了砻和碾，专门用于谷物脱壳。砻有木砻和土砻两种。木砻用木材制成，土砻砻盘是在竹篾或柳条编成的筐中填以黏土，并镶以竹、木齿。砻的形状如石磨，由上下两扇组成，砻盘工作面排有密齿，用于破谷取米。稻谷从上扇的孔眼中倒入，转动上扇的砻盘即可破谷而不损米。另一种去壳的农具就是碾，盛行于唐宋，后来还出现了水碾。战国时期，碎粒方面出现了旋转型石磨，旋转型石磨在汉代得到很大的发展，它可将谷物磨成粉末，将小麦磨成面粉，将大豆磨成豆浆，使得中国谷物食用方式由粒食转变为面食，也促进了小麦和大豆的广泛种植。旋转型石磨一直是我国广大农村最重要的加工农具，长期盛行不衰。

谷物在脱粒和去壳之后，需要扬弃谷壳糠秕杂物。最原始的办法是手捧口吹，商周时期已普遍借助风力，西汉时期开始使用风扇车来净谷。风扇车的发明，标志扬弃糠秕杂物开始采用结构较为复杂的农机具，是一突破性的成就。

四、作物的栽培

粮食在古代泛称为"五谷"，民间历来对"五谷"解释不一，实际上，"五谷"只是几种主要粮食作物的泛称而已。根据考古发掘资料，新石器时代的人们已经种植了黍、稷、粟、麻、麦、豆、稻等粮食作物。大体上黄河流域以黍、稷、粟、麻、麦、豆等旱作物为主，长江流域以水稻为主。它们都有八千年以上的历史。

（一）稻

水稻是从普通野生稻驯化而成的，而野生稻只生长在长江流域及其以南地区，可见稻作的起源地应是长江流域。

迄今为止，发现最早的稻作遗存有湖南省道县玉蟾岩、江西省万年县仙人洞及广东省英德市牛栏洞等三处洞穴遗址。

1993年，在湖南省道县寿雁镇白石寨玉蟾岩发掘出土一颗稻谷粒（具有野生稻特征，但具有人工初期干预痕迹）。1995年又再次发现水稻谷壳，此水稻谷壳的栽培化特征明显，是一种由野生稻向栽培稻演化的古栽培稻类型。玉蟾岩遗址的年代经测定为距今15000—14000年。仙人洞遗址的稻谷遗存经分析，可以看出12000年前的水稻植硅石属于野生稻，10000—9000年前的水稻植硅石属于野生稻向栽培稻过渡的形态，7500年以后则完全是栽培稻，也就是说，在仙人洞地区，栽培稻是出现于新石器时代初期，距今大约10000—9000年之间。1996年在广东省英德市牛栏洞遗址发现了水稻植硅石，距今11000—8000年之间。

这三处发现表明早在一万年以前，原始居民就已经开始栽培水稻，这是目前已发现的世界上最早的稻谷遗存。

七千年前的河姆渡遗址的出土物中，有大批稻谷、米粒、稻根、稻秆堆积

物。这些丰富遗存，证明早在七千年前，我国长江下游的原始居民已经完全掌握了水稻的种植技术，并把稻米作为主要食粮。最早的水稻种植仅限于杭州湾和长江三角洲近海一侧，然后像波浪一样，逐级地扩充到长江中游、江淮平原、长江上游和黄河中下游，最后形成了今天水稻分布的格局。

稻在中国古代的分布和发展，大致可分为四个阶段。在新石器时代，稻在南北均有种植，主要产区在南方。自夏商至秦汉期间，除南方种植得更为普遍外，在北方也有一定的发展。三国至隋唐期间，北方种稻持续发展，唐代中国西部的广大地区种稻也有相当规模。宋元至明清时期稻在南北方均有发展。明清时期，水稻栽培几乎已遍及全国各地，在粮食作物中已跃居首位。

（二）粟

粟就是谷子，是从狗尾草驯化而成的，属于禾本科的一年生草本作物，喜温暖，耐旱，对土壤要求不严，适应性强，可春播和夏播，因此特别适合在我国黄河流域种植。粟去壳称作小米，营养价值很高，长期以来一直是北方人民的主粮。粟原产于中国北方，早在原始时代，粟就已成为主要的粮食作物。

最早发现的粟遗存是20世纪30年代在山西省万荣县荆村瓦渣斜遗址出土的粟壳，其时代为仰韶文化至龙山文化时期。后来的考古研究发现，粟的栽培历史可推到八千年前，从而有力证明我国是世界上最早种植粟的国家。

粟的起源地应该在黄河中上游地区，大约经过千年左右的发展，粟的种植已经扩展到黄河下游。大约到了商周时代，粟的种植已经传播到遥远的南方，如云南省剑川县海门口，出土了公元前1150年的成把粟穗，甚至连海峡对岸的台湾也有粟出土。商周以后，粟在中原大地的种植已经很普遍，战国至汉代的文献中经常记载粟是主要粮食作物，西汉的农书《氾胜之书》就将粟列为五谷之首。在江苏、湖北、湖南、广西等地的西汉墓中都发现用粟随葬，可见长江流域各地也种植粟。粟在粮食作物中的首席地位一直保持到唐代，隋唐时期，粟的种植已达到非常发达的程度了。宋代以后，粟的“五谷之首”地

位才被水稻所取代。

（三）黍、稷

黍、稷本是同种作物，通常按形态特征分类，根据籽粒的糯性与粳性分为黍和稷。均为禾本科一年生草本作物，生育期短，喜温暖，不耐霜，抗旱力极强，因此，特别适合在我国北方尤其是西北地区种植。商周时期，黍、稷是北方居民的主要粮食作物，甲骨文和《诗经》中黍的出现次数最多，远远超过粟。

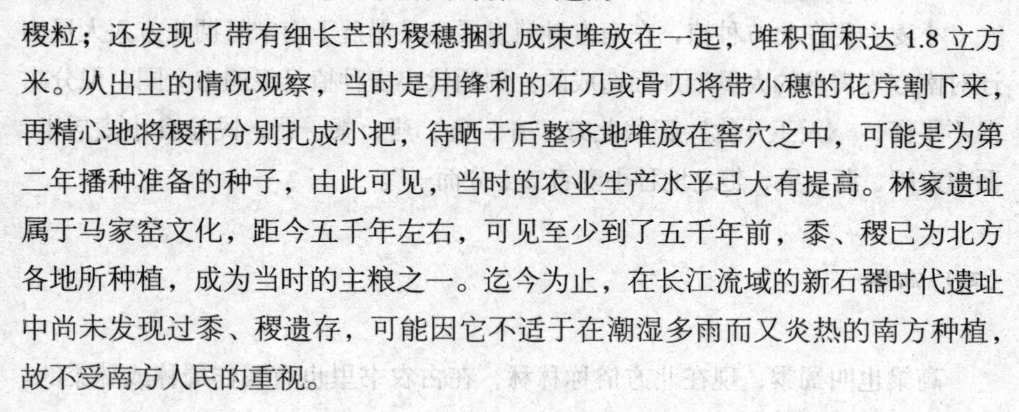

黍在中国的栽培也有近八千年的历史了，与粟一样古老。甘肃省东乡县林家遗址，在出土的陶罐里发现了和粟粒、大麻子装在一起的稷粒；还发现了带有细长芒的稷穗捆扎成束堆放在一起，堆积面积达 1.8 立方米。从出土的情况观察，当时是用锋利的石刀或骨刀将带小穗的花序割下来，再精心地将稷秆分别扎成小把，待晒干后整齐地堆放在窖穴之中，可能是为第二年播种准备的种子，由此可见，当时的农业生产水平已大有提高。林家遗址属于马家窑文化，距今五千年左右，可见至少到了五千年前，黍、稷已为北方各地所种植，成为当时的主粮之一。迄今为止，在长江流域的新石器时代遗址中尚未发现过黍、稷遗存，可能因它不适于在潮湿多雨而又炎热的南方种植，故不受南方人民的重视。

（四）麦

麦是一年生或两年生的草本植物，是我国北方重要的粮食作物。甲骨文中有“来”和“麦”两字，是“麦”字的初文。《诗经》中“来”“麦”并用，且有“来”“牟”之分，一般认为“来”指小麦，“牟”指大麦。后来古籍多用“麦”字，以后随着大麦、燕麦等麦类作物的推广种植，为了便于区别，才专称“小麦”。

1985 年和 1986 年两次在甘肃省民乐县六霸乡东灰山新石器时代遗址中，

发现了大麦、小麦、高粱、粟、稷等五种炭化籽粒，这些麦粒均与普通栽培小麦粒形十分相似，属于普通小麦种。可以看出它们当时植株有高有矮，穗头有大有小，是一种粗放耕作的原始种植业。东灰山遗址的年代经碳十四测定为距今五千年左右，这样就解决了我国新石器时代是否种植小麦的长期争论，把我国小麦种植的历史推到五千年前。

小麦的种植到商周时期有了进一步发展，甲骨文已有“来麦”“受麦”“呼麦”“告麦”“田麦”“登麦”“食麦”等卜辞，可见当时中原地区对麦的种植是很重视的。《诗经》中麦字出现九次，仅次于黍、稷。

麦的真正普及是在汉代以后，主要是战国时期发明的旋转石磨盘在汉代得到推广，使小麦可以磨成面粉。《汉书·食货志》记载了董仲舒向汉武帝建议推广小麦的种植。各地西汉墓中也经常有小麦出土。故宫博物院藏有一件新莽始建国元年铜方斗，上面刻有五种嘉谷图，其中就有“嘉麦”，足以证明到了西汉，麦已成为人们不可缺少的重要粮食。

小麦主要在北方种植，在南方种植发展还是得益于南宋时期北方人大量南迁对南方麦需求的大量增加而造成的。到明代小麦种植已经遍布全国，但分布很不平衡，《天工开物》记载北方“齐、鲁、燕、秦、晋，民粒食小麦居半，而南方闽、浙、吴、楚之地种小麦者二十分而一”。

（五）高粱

高粱也叫蜀黍，现在北方俗称秫秫，在古农书里也有写作蜀秫或秫黍的。

高粱为禾本科一年生草本作物，秆直立，叶片似玉米，厚而较窄，穗形有扫帚状和锤状两类，颖果呈褐、橙、白或淡黄色；种子为卵圆形，微扁，质黏或不黏；性喜温暖，抗旱，耐涝，我国南北均有种植，以东北各地种植最多。

农学界多认为高粱原产于非洲中部，而我国文献记载直到晋代才有“蜀黍”一名，唐代才有高粱的名称。

1985 年和 1986 年，在甘肃省民乐县东灰山

发现的五千年前的炭化高粱，其形状和现代高粱相同，接近球形，经鉴定是中国高粱较古老的原始种。当然，中国高粱起源于何时何处的问题，目前还难以确定。相传周之先祖后稷最先教稼于民，后稷当年教稼之地的稷王山附近出土的高粱，初步揭示了我国先民最早栽培高粱的秘密。后稷与尧舜是同时代人，可见，我国劳动人民早在尧舜时代就开始栽培高粱了，这与考古发现的事实基本相符。

高粱的种植到了汉代有较大的发展，这从辽宁、内蒙古、陕西、山西、河南、江苏和广东的汉墓中都有高粱随葬可以得到证明。河南省洛阳市烧沟汉墓出土的陶仓上经常书写“麦万石”“粱万石”“豆万石”之类文字，这显然表明地主阶级对财富的贪婪和占有欲，还幻想死后挥霍大量粮食。但有意思的是，将写有“粱万石”陶仓里的谷物送到河北农学院鉴定，发现竟是高粱。可见，汉代文献中的“粱”有可能是指高粱。

（六）豆

大豆，古代叫“菽”或“荏菽”，是古代主要粮食之一。

大豆原产于我国北方，是从野生大豆驯化而来的，据出土文物考证，我国在五千年前就已经有大豆种植，公元前留下的《诗经》《左传》《史记》等著作也都有关于“稷、黍、稻、麦、菽”的记载，大豆一词出现于秦代之后。

世界公认中国是大豆的故乡，我国农业开创于新石器时代。据考证，当初在商代的甲骨文上发现了有关大豆的记载，在山西侯马曾出土过商代的大豆化石。

大豆在西周和春秋时已成为重要的粮食作物，被列为五谷或九谷之一。战国时大豆的地位进一步上升，在不少古籍中已是菽、粟并列，也说明当时菽种植的面积在增加。但大豆只是普通人的主粮，称为“豆饭”，不像稻、粱那样被认为是细粮。豆叶也供蔬食，称为“藿羹”。

秦汉以后，“大豆”一词代替了“菽”字。“大豆”一词最先见于《神农书》的《八谷生长篇》，其中记载：“大豆生于槐。出于沮石云山谷中……”在

汉代的其他文献中，有主张麦子和谷子或大豆轮种，可见，当时大豆的播种面积已相当可观。

大豆在汉代已经被普遍种植，西汉农书《氾胜之书》专门记载了大豆的栽培技术，书中提倡每人要种五亩大豆，还指出利用区种法种植大豆，亩产可达十六石（约等于今天亩产 396.5 斤），产量是很高的。各地的汉墓中也经常出土豆类实物。

汉至唐末这一时期，大豆的种植有很大发展。西自四川，东迄长江三角洲，北起东北地区和内蒙古、河北，南至岭南等地都有大豆的种植。

大豆在长期的栽培中，适应南北气候条件的差异，形成了无限结荚和有限结荚两种生态型。北方的生长季短，夏季日照长，宜于无限结荚的大豆；南方的生长季长，夏季日照较北方短，适于有限结荚的大豆。

（七）麻

大麻原产于中国，是重要的纤维作物兼食用作物。原称为“麻”，三国以后“麻”字逐渐发展为麻类作物的总称。为了便于区别，大概在唐代便改称为大麻，以后又有汉麻、火麻、黄麻等别称。

大麻为桑科一年生草本作物，系雌雄异株植物。雄麻古称为枲，纤维细柔，可作为纺织原料。雌麻古称为苴，籽粒可以食用，古代曾列为五谷之一。

大麻油可供食用，种子可入药，称火麻仁，花和叶均可提取麻醉剂。

甘肃省东乡县林家遗址曾出土过新石器时代的大麻籽，说明作为食用的大麻种植历史至少有五千年以上。河北藁城台西商代遗址出土过大麻籽粒，河南洛阳烧沟、湖南长沙马王堆等西汉墓中，也出土了麻籽，说明大麻直到汉代还经常被当作粮食。不过，汉代以后作为粮食用的麻籽逐渐退出五谷行列，汉以后的墓葬或遗址中也就很少发现有麻籽遗存。

秦汉至隋唐时期，大麻有很大发展。《史记·货殖列传》记载汉代齐鲁一带是盛产大麻的地区，且有“齐鲁千亩桑麻，

……其人与千户侯等”的说法。北魏时，以大麻布充税的地区更广泛，主要在今甘肃、陕西、河北、山东、山西及江淮等地区，此时南方也有发展。南朝宋时，曾大力推广大麻，至唐代，在长江流域发展很快，长江流域成为大麻的另一个重要产区。

宋元期间，大麻生产虽然在黄河流域仍很普遍，但在南方却明显缩减。原因是宋末元初棉花已发展到长江流域，并开始向黄河流域推进，对大麻的发展有很大影响，长江流域不少地方大麻已被棉花所取代。

明清时期，大麻生产曾有一些发展。

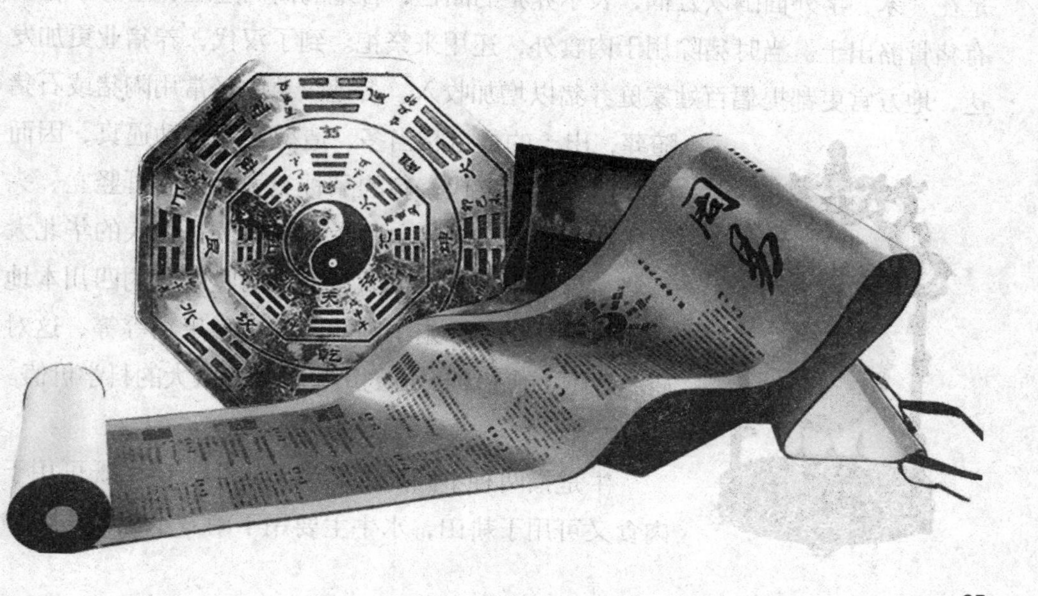

五、家畜的驯化和饲养

史前先民将一些野生动物驯化为家养动物，大体要经过拘禁、野外放养、定居放牧几个阶段。根据考古资料，我国原始畜牧业主要驯养的家畜有猪、牛、马、羊、狗等，家禽有鸡、鸭、鹅等。

（一）家畜

1. 猪

家猪是由野猪驯化而来的。在华夏的土地上，早在母系氏族公社时期，就已开始饲养猪、狗等家畜。浙江余姚河姆渡新石器文化遗址出土的陶猪，其形体与现在的家猪十分相似，说明当时对猪的驯化已具雏形。

各地新石器时代遗址出土的家畜骨骼和模型中，以猪的数量最多，约占三分之一左右。一些晚期遗址中出土的猪骨数量更大，说明猪在我国原始畜牧业中占有最重要的地位。

到了商周时期，养猪业有较大的发展，甲骨文有许多“豕”字，还有一字是在“豕”字外面围以方框，表示养猪的圈栏，各地的商周遗址和墓葬中也常有猪骨骼出土。当时猪除用于肉食外，还用来祭祀。到了汉代，养猪业更加发达，地方官吏都提倡百姓家庭养猪以增加收入。各地汉墓中经常用陶猪或石猪随葬，出土的数量相当多，造型也很生动逼真，因而可以据之了解汉代家猪的品种类型。如小耳竖立、头短体圆的华南小耳猪，耳大下垂、头长体大的华北大耳猪，耳短小下垂、体躯短宽、四肢坚实的四川本地猪，嘴短耳小、体躯丰圆的四川小型黑猪等等，这对研究我国古代猪种形成的历史，具有很大的科学价值。

2. 牛

牛是指两种不同属的黄牛和水牛。黄牛既可用于肉食又可用于耕田，水牛主要用于南方水田耕作。中国黄牛和水牛是独立起源的，它们是分别从其不同的野生祖先驯化而来的。在新石器时代后期，牛已在原始畜牧业中占有重要地位。

商周时期，养牛业有很大发展。除了肉食、交通外，牛还被大量用于祭祀，动辄数十数百，甚至上千，可见牛在商代已被大量饲养。各地商代墓葬中经常用牛殉葬，或随葬玉牛、石牛等，也可作为例证。

春秋战国时期，牛耕已经推广，在农业生产上发挥了很大作用，养牛业得到迅速发展。秦国政府还专门颁布《厩苑律》，对牛的饲养管理和繁殖都有严格的规定，反映了当时对养牛业的高度重视。春秋时期已创造了穿牛鼻子技术，这是驾驭耕牛技术的一大进步。

秦汉时期，牛耕得到普及，养牛业备受重视。《史记·货殖列传》：“牛蹄角千（即养一百多头牛）……此其人与千户侯等。”说明已有人专门养牛致富。为了改变公牛的暴烈性情，以便于役使，同时也是为了改进畜肉的质量，汉代已经推广阉牛技术，河南省方城县出土的一块阉牛画像石，就是目前出土的唯一有关汉代阉割技术的实物例证。

魏晋南北朝时期，由于畜牧业的发达，已经总结出一套役使饲养牛马的基本原则。甘肃省嘉峪关市魏晋墓出土壁画中的畜牧图反映了牧牛、饲牛的生动情景，使我们得以了解当时养牛业的生动情景。

3. 马

马在古代曾号称“六畜之首”，是军事、交通的主要动力，有的地方也用于农耕。

在龙山文化时期，马已被驯养。中国家马的祖先是蒙古野马，因此，中国最早驯养马的地方应该是蒙古野马生活的华北和内蒙古草原地区。

到了商周时期，马已成为交通运输的主要动力，养马业相当发达。甲骨文中已有马字，商墓中常用马殉葬，各地都时有车马坑发现，河南省安阳市武宜村北地一次就发现了一百一十七匹马骨架。《诗经》中描写养马、牧马及驾驭马车的诗句也很多，《周礼·夏官》有“六马”之说。这六种马是指：繁殖用的“种马”、军用的“戎马”、毛色整齐供仪仗用的“齐马”、善于奔跑驿用的“道

马”、佃猎所需的“田马”和只供杂役用的“驽马”。可见，西周时期养马业发达的程度。商周时期，在中国畜牧史上的另一大成就，是利用马和驴杂交繁育骡子。

春秋战国时期，盛行车战和骑兵，马成为军事上的主要动力，特别受到重视，此时马已成为六畜之首。各地的遗址和墓葬中也经常发现用马随葬，有的墓葬开始用铜马代替活马随葬。

秦汉时期，马在军事上起到了重要作用，因而养马业特别兴盛。汉代曾多次从国外引进良种以改良国内的马匹。由大宛、乌孙引进的良马称为汗血马、天马、西极马。最大的一批是从大宛引进的三千匹大宛马，还从大宛引种优质饲草苜蓿，促进了中国养马业的发展。

唐代是我国养马业的另一个高峰，仅西北地区的甘肃、陕西、宁夏、青海四处就养马七十多万匹，史称“秦汉以来，唐马最盛”(《旧唐书·兵制》)。当时还从西域引进优良马种在西北地区繁育。各地出土的唐代三彩陶马的健美形态，亦是对当时良马的真实写照。

4. 羊

羊是从野羊驯化而来的，分化为绵羊和山羊。中国北方养羊的历史可能早到六七千年以前，南方养羊的历史晚于北方。

商周时期，羊已成为主要的肉食用畜之一，也经常用于祭祀和殉葬。《卜辞》记载祭祀时用羊多达数百，甚至上千，可见商周养羊业甚为发达。商代青铜器常用羊首作为装饰，亦反映出养羊业的兴盛。

春秋战国时期，养羊业更为发达。秦汉时期，西北地区“水草丰美，土宜产牧”，出现“牛马衔尾，群羊塞道”的兴旺景象。中原及南方地区的养羊业也有所发展，各地汉墓中常用陶羊和陶羊圈随葬。

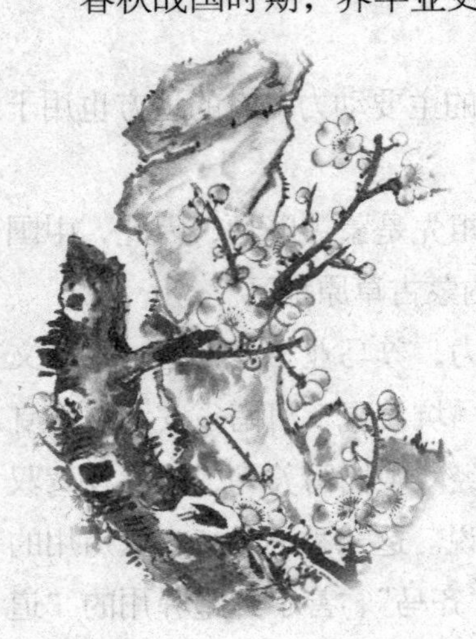

魏晋南北朝时期，养羊已成为农民的重要副业，《齐民要术》专立一篇《养羊》，总结当时劳动人民的养羊经验。唐代的养羊业亦取得了成就，培育出许多优良品种，如河西羊、河东羊、濮固羊、沙苑羊、康居大尾羊、蛮羊等。魏晋南北朝和隋唐墓葬中，也经常用陶羊、青瓷羊及羊圈随葬。

5. 狗

狗是由狼驯化而来的。远在狩猎采集时代，人们就已驯养狗作为狩猎时的助手，因此，狗要算人类最早驯养的家畜。在农业时代，它亦兼为肉食对象。河北省徐水县南庄头出土的狗骨的年代距今近万年，可见其驯养历史之久远。陕西省西安市半坡遗址出土的狗骨，头骨较小，额骨突出，肉裂齿小，下颌骨水平边缘弯曲，与现代华北狼有很大区别，说明当时狗的饲养已很成熟，远远脱离野生状态。

商周以后，狗已成为主要的肉食对象之一。狗在先秦时期有三种用途：一是守卫，二是田猎，三是食用。狗还用作祭祀之牺牲，实际上也是供人们食用的，因此以屠宰狗肉贩卖为业的人也不少。春秋时期的朱亥、战国时期的高渐离、汉初名将樊哙等人，都是历史上屠狗卖肉出身的名人。因此，商周墓葬中也经常葬有狗骨，汉墓中则经常以陶狗随葬。

大约从魏晋南北朝开始，狗已退出食用畜的范围，只用于守卫、田猎和娱乐，因此《齐民要术》中的畜牧部分就不谈狗的饲养了。不过民间仍有食狗肉的习惯，魏晋南北朝及隋唐墓中也常以陶狗随葬。

（二）家禽

1. 鸡

我国的家禽主要是鸡、鸭、鹅等，其中鸭、鹅驯养的历史较晚，而鸡的驯养历史却是很早的。鸡是由野生的原鸡驯化而来。江西省万年县仙人洞新石器时代早期遗址中就发现了原鸡的遗骨，陕西省西安市半坡遗址也发现过原鸡属鸟类遗骨，说明原鸡在长江和黄河流域都有分布，因而史前先民们就有可能将它驯化成家鸡。鸡的驯化年代在中国已有八千多年的历史，这是目前世界上最早的记录。

甲骨文已有鸡字，为“鸟”旁加“奚”的形声字。鸡在商周已成为祭祀品，河南省安阳市殷墟已发现作为牺牲的鸡骨架，在四川省广汉县三星堆发现了商周时期的铜鸡，在河南省罗山县蟒张商墓中发现了玉鸡。《诗经》中有“鸡栖于埘”“鸡栖于桀”的诗句，表明当时已实行舍饲养鸡，早已脱离原始放养

状态。

春秋战国时期，鸡已成为六禽之一。先秦著作中经常提到“鸡豚狗彘”“鸡狗猪彘”，说明鸡已被普遍饲养。当时还育成了越鸡和鲁鸡等不同品种，并且还有专门用来斗鸡的品种。

汉代的养鸡业更加发达，从各地汉墓常有鸡舍、鸡笼模型出土可以看出当时已逐渐采用鸡舍饲养方式，从而改善和提高了鸡肉的品质和产蛋量。至魏晋南北朝时期，养鸡技术更加成熟，《齐民要术》已列专章加以总结。唐宋以后直至今天，鸡依然是广大农村饲养的主要家禽。

2. 鸭

鸭是水禽，家鸭是从野鸭驯化而来的。从考古材料来看，鸭的驯化远较鸡要晚得多，但距今也有四千多年。

商代甲骨文虽然未见“鸭”字，但商墓中已有铜鸭、玉鸭和石鸭出土，可见商代确已饲养家鸭。西周青铜器中常有鸭形樽，西周墓中也有鸭蛋出土，亦反映了当时鸭的饲养已较普遍。

在先秦古籍中，鸭称作鹜，亦称家凫或舒凫，凫即野鸭。至秦汉时期，鸭与鸡、鹅已成为三大家禽，因此，各地汉墓中也常用陶鸭随葬。至南北朝时期，养鸭技术更加成熟，《齐民要术》设专章加以总结。南朝墓中经常出土青瓷鸭圈，亦反映当时舍饲养鸭的情况。

3. 鹅

我国鹅是从野雁（鸿雁）驯化来的。其驯化年代较晚，但至少在商代就已驯化成功。河南省安阳市妇好墓就出土过三件商代玉鹅，山东省济阳县刘台子西周墓中也出土过玉鹅。先秦古籍称鹅为舒雁（《礼记》）。鹅字首见于《左传·昭公二十一年》：“宋公子与华氏战于赭丘，郑翩愿为鹳，其御愿为鹅。”西汉末王褒《僮约》中已有“牵犬贩鹅，武都买茶”之句，说明养鹅已成为商品性生产，其社会需求量日益扩大。汉墓中亦有用陶鹅随葬的。《齐民要术》中更有专门篇章叙述养鹅的技术。魏晋南北朝及隋唐墓中也随葬陶鹅，但比起随葬的陶鸡、陶鸭要少得多。

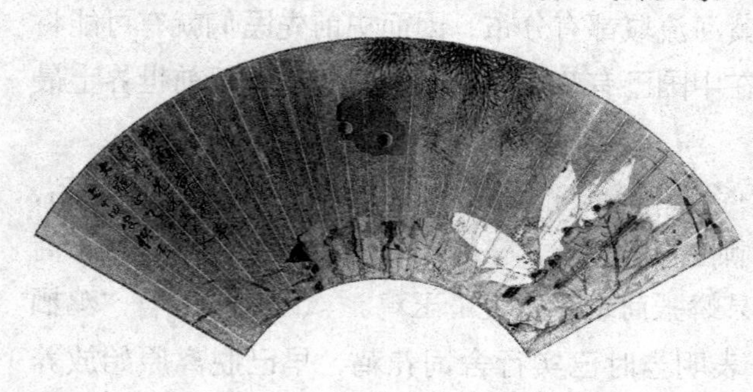

六、古代农业机械

大体说来，原始农业时期已发明了整地、收获、加工脱粒等三类农具，自春秋战国以来称之为“田器”“农器”和“农具”。制造农具的原料，最早是石、骨、蚌、角等。商、周时代出现了青铜农具，种类有锛、锸、斧、斨、镈、铲、耨、镰、犁形器等，这是中国农具史上的一个重大进步。春秋战国之际，冶铁技术的出现使铁农具代替木、石、青铜制农具。铁农具的使用是农业生产上的一个转折点，甚至使农业生产关系、土地耕作制度和作物栽培技术等也发生一系列的变化。汉代是我国农具史上最为重要的时期，发明了整地机械耦犁和播种机械耧犁以及加工机械踏碓和风扇车。魏晋南北朝时期，形成了一套抗旱保墒的耕—耙—耱技术，相应地创造了耙、耱等整地农具。唐代在农具上的最大成就则是发明了曲辕犁，大量使用碾磨。宋元以后的农具虽有一些改良和进步，但没有根本性的突破，中国传统农具已经基本成熟定型。

中国古代的农具按功用可分为下列几类：

（一）整地农具

整地是给种子的发芽、生长创造良好的土壤条件。整地农具包括耕地、耙地和镇压等作业所使用的工具。

原始农业阶段的整地农具是耒、耜。先是木质耒、耜，稍后又发明了石耜和骨耜，以后又有石铲、石锄和石镢，新石器时代末期出现了石犁。商周时期的整地农具新增了青铜制作的铲、锸及犁。春秋战国时期的整地农具有铁制的耒、锸、犁铧、锄等。汉代的整地农具除了犁铧之外，新发明了耧犁和耱。魏晋南北朝时期的整地农具新增了耙。唐代出现了曲辕犁，还发明了碌碡等。宋元时期新增了在水田使用的耖。明清时期的农具基本上继承宋元，没有太大的突破。

1. 耒、耜

我国很早就发明了耒、耜，用来翻整土地。后来，随着农业生产的发展，人们又将耒、耜发展成犁。单尖木耒的刃部发展成为扁平的板状刃，就成为木耜，它的挖土功效比耒大，但制作也比耒复杂。由于木耜的刃部容易磨损，就改用动物的肩胛骨或石头制作耜刃绑在木柄上，成为骨耜或石耜，从而提高了挖土的功效。

骨耜是用偶蹄类哺乳动物肩胛骨制成，肩部挖一方孔，可以穿过绳子绑住木柄，中部磨有一道凹槽以容木柄，在槽的两边又开了两个孔，穿绳正好绑住木柄末端，使木柄不易脱落，其制作方法已相当进步。

耒、耜使用的年代相当长久，直到商周时期还是挖土的主要工具，《诗经》中多次提到耜。战国时期耒、耜依然是主要的整地农具，并且还在耒的齿端套上金属套刃，使其更加坚固耐用，功效倍增。这是木耒发展史上的一大进步，甚至到了汉代，犁耕已经普及，但耒、耜仍未绝迹，大约到三国以后，耒、耜才逐渐退出历史舞台。

2. 铲

铲是一种直插式的整地农具，和耜是同类农具，在原始的生产工具中并无明显区别。现在一般将器身较宽而扁平、刃部平直或微呈弧形的称为铲，而将器身较狭长、刃部较尖锐的称为耜。

最早的铲是木制的，后来是石铲，也有少量骨铲。铲的器形较多样，早期的呈长方形，较晚出现的有肩石铲和钻孔石铲，使用时都需绑在木柄上。商周时期出现青铜铲，肩部中央有銎，可直接插柄使用。春秋时出现铁铲，到战国时铁铲的使用更为普遍，形式上分为梯形的板式铲和肩铁铲两种。汉代才开始有铲的名称，《说文解字》已收有“铲”字。汉代的铲器形式较为多样，有宽肩、圆肩、斜肩几种形式。汉唐以后，铁铲一直是主要的挖土工具之一，在宋元时期称为铁锨或铁锹。北方的一些金元时期遗址中常有铁铲出土，其形制大小都与现在的铁锹相似，说明铁铲到此已经定型，至今没有太大的变化。

3. 锸

锸为直插式挖土工具。锸在古代写作臿，最早的锸是木制的锸，与耜差不多，或者说

就是耜，在木制的锸刃端加上金属套刃，就成了锸，它可以减少磨损和增强挖土能力。

锸是商代新出现的农具，一般认为商代仍以石、骨及蚌制铲、斧、镰、刀等为主，锸较少用于农业生产。锸发展于战国，盛行于汉代，一直沿用到南北朝以后。

商周时期的锸多为凹字形的青铜锸，春秋时期的铜锸形式较多样，有平刃、弧刃或尖刃。战国时期开始改用铁锸，主要有一字形和凹字形两种。锸是汉代的主要挖土工具，在兴修水利取土时发挥较大作用，使用时双手握柄，左脚踏叶之左肩，用力踩入土中，再向后扳动将土翻起。湖南长沙马王堆三号西汉墓出土一把完整的锸，其木叶左肩比右肩突出而稍低，就是为了便于左脚踩踏而设计的。锸在南北朝时期继续使用，但不作为主要农具，至今在南方的一些偏僻农村仍在使用。

4. 犁

犁是用动力牵引的耕地农机具，也是农业生产中最重要的整地农具，但是它产生的历史较晚，约在新石器时代晚期才出现一种石犁，可装在木柄上使用，用人力牵引。到商代，青铜犁的出现为以后铁犁的使用开辟了道路，因而在我国农具史上占有重要的地位。

春秋战国时期，牛耕开始推广，铁犁铧也取代了青铜犁铧，犁耕已在中原地区广泛使用。多数是V字形铧冠，宽度在二十厘米以上，比商代铜犁大得多，是套在犁铧前端使用的，磨损后及时更换，大大提高了耕地能力。

耕犁到了汉代才得到普及，成为汉代农业生产力显著提高的主要标志之一。汉代的铁犁铧品种多样，大小不一。汉代耕犁已具备了犁辕、犁箭、犁床、犁梢等部件，已趋于成熟定型。但耕犁都是直辕犁，有用二牛牵引的长直辕犁和用一牛牵引的短直辕犁。长直辕犁适于在大块田地上使用，短直辕犁转弯灵活，适于在小块田里使用。

魏晋南北朝时期的耕犁基本上是继承汉代的，但犁铧冠由汉代的长翼变化为较短的翼。西汉铁犁铧接近等腰三角形，从东汉开始向牛舌状改进，至南北朝定型。山东一带已出现适合在山间谷地使用的蔚犁，是一种操作灵活轻便的

短辕犁。这种犁的出现为唐代曲辕犁的诞生奠定了基础。

唐代曲辕犁的出现是耕犁发展又一次重大突破。曲辕犁全长四米，比现在的犁要长许多，但它的辕是弯曲的，末端设有能转动的犁架，可用绳索套在牛肩上，牵引时犁可自由摆动和改变方向，更适合在江南狭小的水田中使用，故被称为曲辕犁。曲辕犁的另一个优点是可控制犁地的深浅，操作起来比直长辕犁简便轻巧，能适应各种土壤和不同田块的耕作要求，既提高耕作效率，又提高耕地质量。此后，曲辕犁就成为我国耕犁的主流。

宋元时期的耕犁是在唐代曲辕犁的基础上加以改进和完善的，犁身结构更加轻巧，使用灵活，效率更高。明清时期的耕犁已没有什么太大的突破。

5.䦆

又称镢或镐，为横斫式整地农具。掘地部件为长条形，上有銎，可安装横柄，是深掘土地的得力工具，多用于开垦荒地，也用于刨掘作物的根株，是古代主要的整地农具之一。

起源于新石器时代的鹿角和石锛。商周已出现青铜，在战国时期，铁镢已得到推广，并且出现了横銎式铁。在此之前的镢都是直銎式的空首，其装柄的方法是在顶部銎口插入长方形木块，在木块上横凿一孔以装木柄，或直接安装树杈形的弯曲木柄。横銎式的则是銎口横穿镢体的上方，直接横装木柄，加塞木楔，使之更加紧固牢靠，使用时不易脱落，其掘土功效更高，因此很快就淘汰了直銎式的空首，成为汉代以后的主要掘地农具之一。

从河南省渑池县出土的铁农具中，可知南北朝时期的已有大中小三种，可适应不同的用途。至宋元时期已定型，与今天农村所用者毫无二致。宋元铁镢有阔窄之分，其阔者，南方亦称为锄头，至今仍在使用。

6. 多齿

横斫式掘土农具，有二齿、三齿、四齿、六齿不等，以四齿居多，故亦称四齿耙、四齿或四齿镐。使用时向前掘地，向后翻土，比犁要深，又可随手将土块耙碎，但全凭体力，很是累人，是南方农村的主要整地农具之一。早在战国时期即已出现，汉代使用广泛，以二齿、三齿为多，至宋代称为铁搭。直至今天，江苏南部和浙江平原地区，铁搭仍是主要耕垦工具，有的地方使用甚至多于牛耕。

（二）播种农具

播种农具出现的时间较晚。在原始农业阶段，大多是用手直接撒播种子，无需播种工具。真正的播种农具是在以精耕细作为主要特征的传统农业技术成熟以后才出现的。

1. 耧犁

有明确文献记载的播种农具是西汉的耧犁，可播大麦、小麦、大豆、高粱等。据东汉崔寔《政论》记载，耧犁是汉武帝时搜粟都尉赵过所发明，这种耧犁就是现在北方农村还在使用的三脚耧车。

耧车有独脚、二脚、三脚、甚至四脚数种，以二脚、三脚较为普遍。耧犁在三国时期已传播到甘肃敦煌一带。三国以后，耧车在北方农村一直使用，是主要的播种农机具。陕西省三原县李寿墓和甘肃省敦煌县莫高窟四百五十四窟还分别发现唐代和宋代的耧播图壁画。

耧犁的构造是这样的：下面三个小的铁铧是开沟用的，叫作耧脚，后部中间是空的，两脚之间的距离是一垄。三根木制的中空的耧腿，下端嵌入耧铧的銎里，上端和籽粒槽相通。籽粒槽下部前面有一个长方形的开口和前面的耧斗相通。耧斗的后部下方有一个开口，活装着一块闸板，用一个楔子管紧。为了防止种子在开口处阻塞，在耧柄的一个支柱上悬挂一根竹签，竹签前端伸入耧斗下部系牢，中间缚上一块铁块。耧两边有两辕，相距可容一牛，后面有耧柄。

播种前，要根据种子的种类、籽粒的大小、土壤的干湿等情况，调节好耧斗开口的闸板，使种子在一定的时间流出的数量刚好合适。然后把要播种的种子放入耧斗里，用牛拉着，一人牵牛，一人扶耧。扶耧人控制耧柄的高低，来调节耧脚入土的深浅，同时也就调整了播种的深浅，一边走一边摇，种子自动地从耧斗中流出，分三股经耧腿再经耧铧的下方播入土壤。在耧后边的木框上，用两股绳子悬挂一根方形木棒，横放在播种的垄上，随着耧前进，自动把土耙平，把种子覆盖在土下，这样一次就把开沟、下种、覆盖的任务完成了。再另外用砘子压实，使种子和土紧密地附在一起，发芽生长。

现代最新式的播种机的全部功能也只不过把开沟、下种、覆盖、压实四道

工序接连完成，而我国两千多年前的三脚耧早已把前三道工序连在一起由同一机械来完成。这是我国古代在农业机械方面的重大发明之一。

2. 窍瓠

古代还有一种手工操作的播种农具，叫作“窍瓠”。窍瓠就是点葫芦，是用瓠子硬壳制成，中间穿一中空木棍。壳内装种子，用手持棍将下部尖端插入土中点播。相比单纯用手播种，瓠种要均匀、轻便，节约种子，能控制播种的质量，提高了功效。

窍瓠的最早记载见于《齐民要术·种葱》：“两耧重耩，窍瓠下之。”就是指用耧开沟后，用窍瓠播种。河北省滦平县岑沟出土的金代窍瓠是目前最早的实物例证。

（三）中耕农具

原始农业是“听其自生自实”，没有田间管理环节，自然也就没有中耕农具，后期可能有锄草等作业，但主要是靠手工或是利用一些简单的竹木器和蚌器来进行。

商周时期已使用青铜农具来中耕除草。战国时期出现了铁铲和铁锄，当时称作铫、耨，耨在汉代也叫作锄。锄有较长的柄，人可站立使用，减轻了劳动强度，也提高了除草功效。魏晋南北朝时期，除了使用手工农具锄、铲之外，还使用畜力牵引耙、耢等工具进行中耕。唐宋以后，水田农业发展迅速，出现了耘爪、耘荡等水田中耕农具。元代还创造了多种功能的耧锄。

1. 铲

大型铲是用来翻土的，属于整地农具，而小型铲才是用来中耕除草的。铲在商周时期称为“钱”，最早见于《诗经·臣工》。钱既与镈同类，应该也是用以锄草的。春秋战国时期，钱已成为货币的名称，故另取名字叫作“铫”。铫的使用方法是向前推引，与铲相同，并且又是在“蹲行畎亩之中”状态下使用，其柄不长，单手执握，以铲地除草。

商周时期使用的是铜铲，战国以后广泛使用铁铲。唐宋以后，由于耕

作制度和作物品种的变化，用于田间除草的工具也有所变化，出现了可以站立使用的较大型的铲。这种铁铲已兼有除草、松土和培土的功能，铲发展至此已成熟，一直沿用至今。

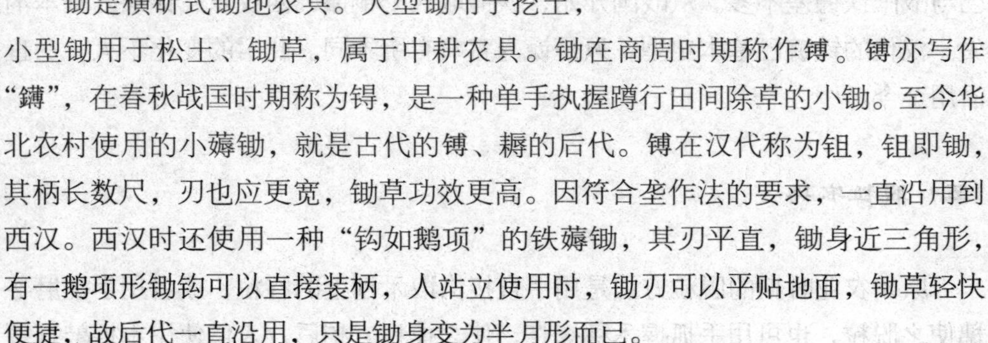

2. 锄

锄是横斫式锄地农具。大型锄用于挖土，小型锄用于松土、锄草，属于中耕农具。锄在商周时期称作镈。镈亦写作"鎛"，在春秋战国时期称为锝，是一种单手执握蹲行田间除草的小锄。至今华北农村使用的小薅锄，就是古代的镈、耨的后代。镈在汉代称为钼，钼即锄，其柄长数尺，刃也应更宽，锄草功效更高。因符合垄作法的要求，一直沿用到西汉。西汉时还使用一种"钩如鹅项"的铁薅锄，其刃平直，锄身近三角形，有一鹅项形锄钩可以直接装柄，人站立使用时，锄刃可以平贴地面，锄草轻快便捷，故后代一直沿用，只是锄身变为半月形而已。

（四）收获农具

原始农业初期，人们是用手来摘取野生谷物的，以后才逐渐使用石片和蚌壳等锐利器物来割取谷物穗茎，并逐渐把这些石片和蚌壳加工成有固定形状的石刀和蚌刀，这就是最早的收获农具。后来又将它们改进为石镰和蚌镰。进入商周时期，在继续使用石镰、蚌镰的同时，开始使用青铜镰刀，战国时期使用铁铚和铁镰。西汉以后，铚被淘汰，铁镰成为最主要的收获农具，直至明清时期仍然如此。

1. 铚

铚是最古老的收获农具，是专门用来割取禾穗的一种短镰，它是从原始的石刀和蚌刀发展而来的，因此早期的铚就保留了石刀和蚌刀的形态。如河北省平山县灵寿城出土的陶铚和云南省呈贡县出土的铜铚，其形状都是仿制有孔石刀。安徽省贵池县和江苏省句容县出土的铜铚则呈腰子形蚌壳状，刃部铸有斜线纹锯齿，更为锋利，可明显看出是仿制蚌刀的，也是蚌刀向镰刀演变的过渡形态。春秋以前使用的是铜铚，战国以后则多为铁铚。汉代以后，铁铚逐渐减少，铁镰成为主要收获农具。但是铚并未完全消失，至今在华北农村尚有使用，称之为"爪镰"或"掐刀"，辽宁省也称其为"捻刀"。

2. 镰

镰是长条形带锯齿刃的收割农具。镰虽是从石刀演变而来的，但其历史仍非常古老。河北省武安县磁山遗址和河南省新郑县裴李岗遗址都出土了许多距今八千年的石镰，而且制作得相当精美。在其他遗址中也出土过许多蚌镰。商周时期使用青铜镰刀，如江西省新干县大洋洲商代墓中出土的青铜镰，其形制已与战国铁镰差不多。从战国开始，铁镰取代了铜镰，西汉以后铜镰已基本消失。汉代的铁镰已基本定型，只是镰身宽窄有所不同。此后的变化不大，一直沿用至今。

（五）脱粒农具

原始农业时期的脱粒方法是用手直接撸取禾穗上的谷粒，或者用手搓磨谷穗使之脱粒，也可用手抓握禾穗摔打，使之掉粒。稍后，人们使用木棍敲打谷穗使之脱粒，这木棍就是最早的脱粒农具，后来发展为连枷。谷物脱粒后，还需将混杂在谷粒中的谷壳、茎叶碎片和尘屑等杂物清除，因此需要扬场工具，较早用簸箕或木锨簸扬，借风力吹掉杂物。在西汉就已发明了专门用来扬扇谷壳杂物的农机具——飏车，就是现在农村还在使用的风扇车。

1. 连枷

连枷是从敲打谷穗使之脱粒的木棍发展而来的。它由两根木棍组成，即在一根长木棍的一端系上一根短木棍，后发展成由一个长柄和一组平排的竹条或木条构成，工作时上下挥动长柄，利用短木棍的回转连续拍打谷物、小麦、豆子、芝麻等，使籽粒掉下来。也作梿枷。

文献记载最早见于《国语·齐语》：“今农夫群萃而州处，察其四时，权节其用，耒耜枷芟。”连枷之名至少在汉代就已正式出现。连枷为木制（南方也有用竹子制作的），可在一些壁画上见到它的形象，如甘肃省嘉峪关市魏晋墓壁画中的打连枷图，敦煌莫高窟壁画中也有许多打连枷的场面。

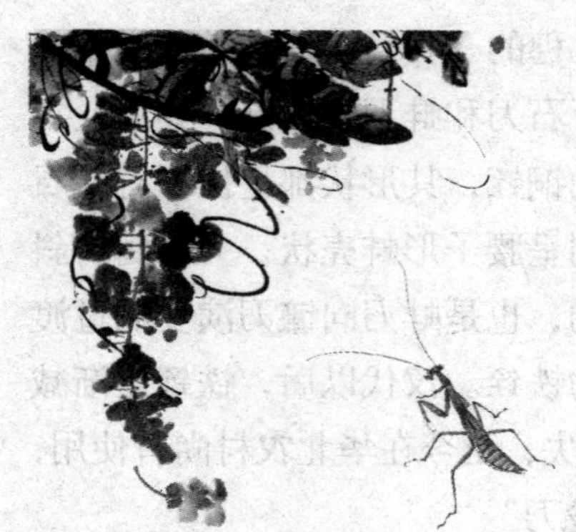

2. 风扇车

风扇车发明于西汉，也叫风车、扇车，古代称飏扇或飏车，是专门用来扬弃谷物中糠秕

杂物以清理籽粒的农机具。全部由木材制成，车身后面有扇出杂物的出口。前身为圆鼓形的大木箱，箱中装有四至六片薄木板制成的风扇轮。手摇风扇轮轴的曲柄，使扇轮转动。扇车顶上有盛谷的漏斗，脱落后或舂碾后的谷物从漏斗中经狭缝徐徐漏入车中，通过转动风轮所造成的风流，将较轻的杂物吹出车后的出口，较重的谷粒则落在车底，流出车外，从而把杂物和净谷净米分开。

早期风扇车的风轮箱体为长方形，摇动风扇轮时较为费力，因为在箱体内与风轮轴平行的箱体壁所组成的两面角内会产生涡流，阻碍了风轮的运转。在宋元时期，出现了圆柱形风轮箱体的风扇车，克服了产生涡流的现象，使用起来更为轻快，从而提高了功效。

（六）加工农具

多数谷物需要加工去壳或磨碎后才宜于食用。最早的加工方法是舂打，之后为碾磨，目前发现最早的加工农具是石磨盘。

另一种加工农具是杵臼，即将谷物放在土臼、木臼或石臼中舂打脱壳。到了春秋战国时期，发明了旋转型石磨，这是加工农具史上的重大突破，极大地提高了功效，很快就淘汰了石磨盘。石磨使中国饮食习惯从粒食发展为面食，也促进了小麦和大豆种植的发展。

汉代又发明了另一种加工农具——碓。除了脚碓外，汉代还发明了用畜力驱动的畜力碓和用水力驱动的水碓。魏晋南北朝时期，又发明了石碾，也是加工旱作谷物的重要农具，它一直在北方农村中长期使用。

1. 石磨盘

石磨盘是原始的粮食去壳碎粒工具。最早的石磨盘是两块天然的石块，下面那块大而宽平，将谷物放在上面，再用一块圆柱形的鹅卵石碾磨。后来人们逐渐将下面的石块打制成扁平状，将碾磨用的石块加工成圆柱形磨棒。

进入新石器时代，农业生产得到迅速发展，谷物增多，石磨盘也更加受到重视。石磨盘一直使用到春秋战国以后才逐渐消退，特别是西汉以后，由于旋

转式石磨的推广和普及，石磨盘在中原大地已消失，只在北方草原地区尚有一些残留。

2. 杵臼

人们最早加工谷物的方法是用木棍直接捶打，而后才发展为舂打。因此最早的杵就是一根粗木棍，最早的臼就是在地上挖一个圆形的坑，铺上兽皮，将谷物倒进坑中进行舂打。

杵臼发明于原始社会末期的黄帝时代，实际上杵臼的历史可能更古老些。稍后发展为木臼，即在砍下大树以后的树桩上挖一个圆坑，倒进粮食用木杵舂打，称之为树臼。进一步就用砍下的一段树干制作木臼，可以移动，便于使用。最后才使用石头制作的石臼。早期的石臼较小，而且外形较不规则，汉代以后的石臼就比较规整，宋代以后，已经定型，臼身较矮，口径较大，与今天农村所使用的石臼相同。

3. 石磨

旋转型的石磨是将谷物磨碎的加工机械，由上下两扇圆形石块组成。上扇凿有磨眼，并安有拐柄，朝下一面凿有磨齿；下扇朝上一面亦凿有磨齿，中央装一短轴，可与上扇磨石套合在一起，摇动拐柄使上扇磨石绕轴旋转，谷物由磨眼注入，在两扇之间散开并在磨齿之间被磨碎。石磨相传为春秋时期鲁班所发明。

石磨在西汉得到迅速发展，只是西汉的石磨制作得略微粗糙一点，磨齿多为窝点状，磨出来的粮食颗粒较粗。东汉的磨齿才发展为放射线形，磨出来的粮食呈颗粒细小的粉末状，特别适合用来加工小麦和大豆。

魏晋南北朝时期，发明了用水力驱动的水磨，使用相当普遍。到宋元时期，又发明了利用风力作为动力的风磨。风磨的发明不仅是加工农具史上的新成就，而且在我国农用动力发展史上也具有非常重大的意义。

王祯《农书·利用门》记载了当时江西山区为了加工茶叶，还创造了一种利用水力能同时驱动九磨的水转连磨。这种一轮可拨九磨，且兼打碓、灌溉功能的水转连磨，是石磨发展史上的一大杰作。

4. 碓

碓是由杵臼发展而来的，它是利用杠杆

原理将一根长杆装在木架上，杆的一端装着碓头，下面放一石臼。人踩踏杆的另一端，碓头即翘起，脚移开碓头即落下舂打谷米。

汉代文献多处提到碓，据推测碓有可能发明于西汉以前，不过碓的盛行却是在东汉以后。汉代不但已经使用脚碓，还有畜力带动的畜力碓，并且还发明了用水力驱动的水碓，极大地提高了生产力。

西汉末年出现的水碓是利用水力舂米的机械。水碓的动力机械是一个大的立式水轮，轮上装有若干板叶，转轴上装有一些彼此错开的拨板，拨板是用来拨动碓杆的。流水冲击水轮使它转动，轴上的拨板拨动碓杆的梢，使碓头一起一落地进行舂米。

水碓在魏晋南北朝时期有较大发展，一是使用面广，二是使用量大，三是有新创造。根据水势大小设置多个水碓，设置两个以上的叫作连机碓，最常用的是设置四个碓。

5. 碾

碾是用于脱壳、碾粉及精米的加工农具，由碾台、碾槽、碾碳、碾架等构成。碾出现较晚，用人力或畜力带动的碾，有可能早到汉代。至唐代，碾的使用较为普遍，各地唐墓时有陶碾出土。宋元以后，石碾更成为农村的主要加工农具，一直沿用至今。

（七）灌溉农具

1. 桔槔（汲水工具）

桔槔是在一根竖立的架子或树上加上一根细长的杠杆，当中是支点，末端悬挂一个重物，前段悬挂水桶。当人把水桶放入水中打满水以后，由于杠杆末端的重力作用，便能轻易把水提拉至所需处。桔槔早在春秋时期就已相当普遍，而且延续了几千年，是中国农村历代通用的旧式提水器具。

2. 辘轳（汲水工具）

早在公元前一千一百多年前中国已经发明了辘轳。辘轳也是从杠杆演变而

来的汲水工具。其构造是在井上搭一木架，架起横轴，轴上套一长筒，筒上绕以长绳，绳的一端挂水桶。长筒头上装有曲柄，摇动曲柄，绳即在筒上缠绕或松开，水桶亦因之吊上或放下，可以取水。

到春秋时期，辘轳就已经流行。北魏贾思勰《齐民要术》卷三："井深用辘轳三四架，日可灌田数十亩。"辘轳的制造和应用，在古代是和农业的发展紧密结合的，它广泛地应用在农业灌溉上。

辘轳的应用在我国时间较长，虽经改进，但大体保持了原形，说明在三千年前我们的祖先就设计了结构很合理的辘轳。现在一些地下水很深的山区，也还在使用辘轳从深井中提水，以供人们饮用。

3. 翻车（灌溉机械）

翻车，是一种刮板式连续提水机械，又名龙骨水车，是我国古代最著名的农业灌溉机械之一。

《后汉书》记有毕岚做翻车，三国马钧加以完善。翻车可用手摇、脚踏、牛转、水转或风转驱动。龙骨叶板用作链条，卧于矩形长槽中，车身斜置河边或池塘边。下链轮和车身一部分没入水中。驱动链轮，叶板就沿槽刮水上升，到长槽上端将水送出。如此连续循环，把水输送到需要之处，可连续取水，工效大大提高，操作搬运方便，还可及时转移取水点，是农业灌溉机械的一项重大改进。

4. 筒车（灌溉机械）

筒车亦称"水转筒车"，是一种以水流作动力，取水灌田的工具，约产生于隋唐时代。

其原理为：在水流很急的岸旁打下两个硬桩，制一大轮，将大轮的轴搁在桩杈上。大轮上半部高出堤岸，下半部浸在水里，可自由转动。大轮轮辐外受水板上斜系有一个个竹筒，岸旁凑近轮上水筒的位置，设有水槽。当大轮受水板受急流冲击，轮子转动，竹筒在水中注满水，随轮转到上部时，水自动泻入盛水槽，输入田里。

此种筒车日夜不停车水浇地，不用人畜之力，功效高。其结构简明紧凑，设计构思巧妙。

七、古代农业著作

（一）《氾胜之书》

《氾胜之书》是西汉晚期的一部重要农学著作，一般认为是我国最早的一部农书。《汉书·艺文志》著录作“《氾胜之》十八篇”，《氾胜之书》是后世的通称。

作者氾胜之，汉成帝时人，曾为议郎，在今陕西关中平原地区教民耕种，获得丰收。他本人由于劝农有功，被提拔担任御史。《氾胜之书》是在此基础之上写成的，或者就是为推广农业而写的。

该书在汉代已享有崇高的声誉，屡屡为学者所引述。贾思勰写作《齐民要术》，也大量引用了《氾胜之书》的材料；我们今天所能看到的《氾胜之书》的佚文，主要就是《齐民要术》保存下来的。隋唐时期，该书仍在流传。大概宋仁宗时期，开始流行渐少，宋以后的官私目录再也没有提到《氾胜之书》。看来此书是在两宋之际亡佚的。

现存《氾胜之书》的主要内容：

第一部分，耕作栽培通论。《氾胜之书》首先提出了耕作栽培的总原则，然后分别论述了土壤耕作的原则和种子处理的方法。前者着重阐述了土壤耕作的时机和方法，从正反两个方面反复说明正确掌握适宜的土壤耕作时机的重要性。后者包括作物种子的选择、保藏和处理；而且着重介绍了一种特殊的种子处理方法——溲种法；此外还涉及播种日期的选择等。

第二部分，作物栽培分论。分别介绍了禾、黍、麦、稻、稗、大豆、小豆、枲、麻、瓜、瓠、芋、桑十三种作物的栽培方法，内容涉及耕作、播种、中耕、施肥、灌溉、植物保护、收获等生产环节。

第三部分，特殊作物高产栽培法——区田法。这是《氾胜之书》中非常突出的一个部分，《氾胜之书》现存的三千多字中，有关区种法的文字，多达一

千多字，而且在后世的农书和类书中多被征引。

《氾胜之书》是继《吕氏春秋·任地》后最重要的农学著作，它是在铁犁牛耕基本普及的条件下，对我国农业科学技术一个具有划时代意义的新总结，是中国传统农学的经典之一。

（二）《齐民要术》

《齐民要术》是中国北魏的贾思勰所著的一部综合性农书，也是世界农学史上最早的专著之一，是中国现存的最早、最完整的农书。书名中的“齐民”，意指平民百姓，“要术”指谋生方法。

作者贾思勰，生卒年不详，山东益都（今山东寿光）人。曾任北魏高阳郡太守。经营过农业、牧业生产，通过搜集文献资料、访问农民及观察、试验，积累了广泛的农事知识，对农业生产有较深的了解。6 世纪 30—40 年代，战乱频仍，民不聊生，他从传统的农本思想出发，著书立说，介绍农业知识，以期富国安民，写成了世界农学史上最早的专著——《齐民要术》。

书约写成于 6 世纪 30—40 年代。最初在民间辗转传录，至北宋天圣年间才官刊颁发给劝农使者，以指导农业生产。以后官私传抄不绝，版本多至二十余种，并广为其他农书、杂著援引。

《齐民要术》由序、杂说和正文三大部分组成。正文共九十二篇，分十卷，十一万字。其中正文约七万字，注释约四万字。另外，书前还有“自序”“杂说”各一篇，其中的“序”广泛摘引圣君贤相、有识之士等注重农业的事例，以及由于注重农业而取得的显著成效。一般认为，杂说部分是后人加进去的。

书中内容相当丰富，涉及面极广，包括各种农作物的栽培、各种经济林木的生产以及各种野生植物的利用等等；同时，书中还详细介绍了各种家禽、家畜、鱼、蚕的饲养和疾病防治，并把农副产品的加工（如酿造）以及食品加工、文具和日用品生产等形形色色的内容都囊括在内。因此说《齐民要术》对我国农业研究具有重大意义。

（三）《王祯农书》

《王祯农书》是元代三大农书之冠，是综合性农书，作者王祯。王祯是山东人，在安徽、江西两省做过地方官，又到过江、浙一带，所到之处，常常深入农村作实地考察。因此，《农书》里无论是记述耕作技术，还是农具的使用，或是栽桑养蚕，总是时时顾及南北的差别，致意于其间的相互交流。

《王祯农书》完成于1313年。全书正文共计三十七集，三百七十一目，约十三万余字。分《农桑通诀》《百谷谱》和《农器图谱》三大部分，最后所附《杂录》包括了两篇与农业生产关系不大的“法制长生屋”和“造活字印书法”。书完成于元仁宗皇庆二年，明代初期被编入《永乐大典》。明清以后，有很多刊本。1981年出版了经过整理、校注的王毓瑚校本。全书约十三万余字。

《王祯农书》在前人著作基础上，第一次对所谓的广义农业生产知识作了较全面系统的论述，提出中国农学的传统体系。其内容包括：1.《农桑通诀》六集，为农业总论，体现了作者的农学思想体系。2.《百谷谱》十一集，为作物栽培各论，分述粮食作物、蔬菜、水果等栽种技术。3.《农器图谱》二十集，占全书80%的篇幅，几乎包括了传统的所有农具和主要设施，堪称中国最早的图文并茂的农具史料，后代农书中所述农具大多以此书为范本。《农书》能兼论南北农业技术，对土地利用方式和农田水利叙述颇详，并广泛介绍各种农具，是一本很有价值的书籍。

（四）《农政全书》

《农政全书》的作者是徐光启。徐光启，字子先，号玄扈，上海人，生于明嘉靖四十一年（1562年），卒于崇祯六年（1633年），明末杰出的科学家。

徐光启出生的松江府是个农业发达之区。早年他曾从事过农业生产，取得

功名以后，虽忙于各种政事，但一刻也没有忘记农本。

天启二年（1622 年），徐光启告病返乡。此后边试种农作物，边开始搜集、整理资料，撰写农书，以实现他毕生的心愿。崇祯元年（1628 年），徐光启官复原职，此时农书写作已初具规模，但由于上任后忙于负责修订历书，农书的最后定稿工作无暇顾及，直到死于任上。以后这部农书便由他的门人陈子龙等人负责修订，于崇祯十二年（1639 年），即徐光启死后的第六年，刻版付印，并定名为《农政全书》。整理之后的《农政全书》全书分为十二目，共六十卷，五十余万字。十二目中包括：农本三卷；田制二卷；农事六卷；水利九卷；农器四卷；树艺六卷；蚕桑四卷；蚕桑广类二卷；种植四卷；牧养一卷；制造一卷；荒政十八卷。

《农政全书》基本上囊括了古代农业生产和人民生活的各个方面，而其中又贯穿着一个基本思想，即徐光启的治国治民的“农政”思想。《农政全书》按内容大致上可分为农政措施和农业技术两部分。

徐光启认为，水利为农之本，无水则无田。他提出在北方实行屯垦，屯垦需要水利。这正是《农政全书》中专门讨论开垦和水利问题的出发点，从某种意义上来说，这也就是徐光启写作《农政全书》的宗旨。

徐光启并没有因为着重农政而忽视技术，相反他还根据自己多年从事农事试验的经验，极大地丰富了古农书中的农业技术内容。对于其他一切新引入、新驯化栽培的作物，无论是粮、油、纤维，也都详尽地搜集了栽种、加工技术知识。这就使得《农政全书》成了一部名副其实的农业百科全书。

《农政全书》系在对前人的农书和有关农业文献进行摘编的基础上，加上自己的研究成果和心得体会撰写而成的。摘编文献时，并不盲目追随古人，而是区分糟粕与精华，有批判地存录。或指出错误，或纠正缺点，或补充其不足，或指明古今之不同，不可照搬。同时，结合自己的实践经验和数理知识，提出独到的见解。据统计，徐光启在书中对近八十种作物写有注文或专文，提出自己独到的见解与经验，这在古农书中是空前绝后的。

古代园艺

在中国古代，“园”指的是用围墙和篱笆围起来的园囿，是皇家的狩猎娱乐之所；“艺”就是“技艺”“技术”的意思。所以，中国古代“园艺”指的是在围篱保护的园囿内进行的植物栽培。中国园艺部门的独立是从周代开始的。周代出现了“园圃”，里面种植的作物已有蔬菜、瓜果和经济林木等。中国历代在温室培养、果树繁殖和栽培、名贵花卉品种的培育以及在园艺事业上与各国进行广泛交流等方面卓有成就。

一、园艺概述

（一）园艺解说

园艺顾名思义就是园地栽培的意思，简单地说是指关于花卉、蔬菜、果树之类作物的栽培方法。确切来说是指有关蔬菜、果树、花卉、食用菌、观赏树木的栽培、繁育技术和生产经营方法。

按照园艺的定义，园艺作物一般包括果树、蔬菜和观赏植物三大类。果树是多年生植物，主要是木本植物，它为人类主要提供可供食用的果实，常见的包括落叶果树、常绿果树、藤本和灌木性果树以及一小部分多年生草本植物；蔬菜则以一、二年生草本植物为主，不限于利用果实，根、茎、叶和花等部分都可利用，因而又可划分果菜类、根菜类、茎菜类、叶菜类和花菜类等。此外也包括一小部分多年生草本和木本蔬菜以及菌、藻类植物；观赏植物中既有一二年生、多年生宿根或球根花卉，也有灌木、乔木等花木，可为人们提供美的享受并用于防止污染，改善环境。这里主要指的是各种花卉。

世界园艺发展历史悠久，起源一般可追溯到农业发展的早期阶段。根据已有的考古发掘材料，早在石器时代就已开始栽培棕枣、无花果、油橄榄、葡萄和洋葱。到了埃及文明的极盛时期，园艺生产渐趋发达，栽培的总作物已包括香蕉、柠檬、石榴、黄瓜、扁豆、大蒜、莴苣、蔷薇等。在古罗马时期的农业著作中已提到了果树嫁接和水果贮藏等技术，当时已有用云母片搭盖的原始型温室进行蔬菜促成栽培。当时的贵族已经开始在庄园中栽种苹果、梨、无花果、石榴等，还栽培各种观赏用花草如百合、玫瑰、紫罗兰、鸢尾、万寿菊等。中世纪时期园艺业一度衰落。

文艺复兴时期，园艺业又在意大利复兴并传至欧洲各地。新大陆的发现使那里的玉米、马铃薯、番茄、甘薯、南瓜、菜豆、菠萝、油梨、腰果、长山核桃等

园艺作物被广泛引种。以后贸易和交通的发展又进一步刺激了园艺业的发展。

园艺是农业中种植业的组成部分。园艺生产对于丰富人类物质生活，美化、改造人类生存环境，推进人类历史进步有重要意义。

（二）中国古代园艺

在中国古代，“园”指的是用围墙和篱笆围起来的园囿，是皇家的狩猎娱乐之所；“艺”就是“技艺”“技术”的意思。所以，中国古代“园艺”指的是在围篱保护的园囿内进行的植物栽培。

作为四大文明古国之一的中国，园艺发展比欧美诸国早600—800年。古时的印度、埃及、巴比伦王国以及地中海沿岸，包括古罗马帝国，农业和园艺都发展较早，但它们的总体水平都是在中国之下的。中国和西方国家之间的园艺交流，最大规模的当数汉武帝时（前141—前87年），张骞出使西域开辟了著名的丝绸之路，给欧洲带去了中国的桃、梅、杏、茶、芥菜、萝卜、甜瓜、白菜和百合等，极大地丰富了欧洲的园艺植物资源；同时给中国带回了葡萄、无花果、苹果、石榴、黄瓜、西瓜和芹菜等，也大大丰富了我国的园艺作物种类。这种交流是中国带给世界的贡献，也是促进人类发展和进步的互利行为。以后的交流不限于陆地，海路打开了更宽的通道。

中国园艺部门的独立是从周代开始的。周代出现了“园圃”，里面种植的作物已有蔬菜、瓜果和经济林木等。战国时期的文献中已经开始出现栽种瓜、桃、枣、李等果树的记述。秦汉园艺业有了很大发展。《汉书》记载中出现了冬季在室内种葱、韭等蔬菜的行为，这是温室栽培的雏形，说明温室培养在中国有着悠久的历史。南北朝时在果树的繁殖和栽培技术上有了更多的创造发明。唐、宋以后，园艺业非常受皇室和贵族的青睐，特别是观赏园艺业发展迅速，出现了牡丹、芍药、梅和菊花等名贵品种。明、清时期，海运大开，银杏、枇杷、柑橘和白菜、萝卜等先后传向国外，同时也从国外引进了更多的园艺作物。中国历代在温室培养、果树繁殖和栽培、名贵花卉品种的培育以及在园艺事业上

与各国进行广泛交流等方面卓有成就。

一般来说，园艺包括果树园艺、蔬菜园艺和观赏植物园艺。而中国古代园林艺术久负盛名，成就显著。

二、果树园艺

中国果树栽培历史悠久，可以追溯到殷商时期，距今至少已有3000年以上；而作为世界上三个最大最早的果树原生地之一，中国原产的果树种类繁多：以华北为中心的原生种群，包含许多重要的温带落叶果树，其中包括桃、中国李、杏、中国梨、柿、枣和栗等。分布在长江流域以南的常绿果树，有柑橘、橙、柚和龙眼、荔枝、枇杷等。有些不仅原产于我国，而且到现在还是我国的特产。这些原产于我国的果树，现在多数已经推广到世界各地，为丰富世界人民的生活作出巨大贡献；同时我国在果园的建立、管理和果树的栽培技术方面，积累了丰富的经验。

（一）果园的建立

中国古代果园出现得很早，在《诗经》中已有“园有桃”“园有棘”等诗句，说明周代已有专门栽培果树的“园”。中国古代在果园的建立和管理上取得了一些很有益的经验。

1. 果园建立时的重要理念——因地制宜

早在战国时，人们在栽种果树之前已开始对土壤进行观察与分类，提出了不同的土壤适宜栽培不同果树的观点；同时也注意到，地势不同，所宜栽培的果树种类也各异。反映出当时建立果园已注意到自然环境的差异，讲究适地适种，因地制宜。南北朝时，更进一步提出合理利用土地的观念。北魏著名农书《齐民要术》主张在不宜栽培大田作物的起伏不平的山冈地，可以用来栽培枣树。宋代农书中提到，在山坡栽培果树，应该注意坡向，并应修成梯田。这些都说明我国古代在果园建立之初已具有了较科学的理念，取得了初步的成就。

2. 果园建立时的保护措施——果园绿篱和防护林

在当代，绿篱指的是密植于园边、路边及各种用地边界处的树丛带。绿篱

因其隔离作用和装饰美化作用，被广泛应用于公共绿地和庭院绿化中，它在古代建立果园之初就开始被使用。在古代栽种果树的园子叫“园”，栽种蔬菜的园子叫“圃”。根据文献记载，菜圃的周围通常栽植柳树作藩篱，由此推测果园的周围也可能有藩篱。而在《三国志》中就明确记载了果园的四周以栽植榆树为绿篱。南北朝时，《齐民要术》中就有专篇讨论果园绿篱的培植，在当时用作绿篱的树种有酸枣、柳、榆等。到了明代，用作果园绿篱的树种很多，除以上几种外，还有五加皮、金樱子、枸杞、花椒、栀子、桑、木槿、野蔷薇、构树、枸橘、杨树、皂荚等。

而在明代，人们就已注意到，林木可改变小范围内的气候，并提出在果园的西、北两侧营造竹林可以遮挡北风，从而有利于减轻园中果树的冻害。可见，从那时起，防护林就已开始运用到果园的防护中。

（二）果树的栽植与培育技术

1. 栽种的方法

古人关于果树移栽的方法，在《齐民要术》中有比较全面的论述，其后历代的典籍中也时有论及。概括起来，要点有：（1）果树栽植的距离因树种而异。枣的栽植距离约合 5.4 米左右，李的栽植距离约合 3.8 米左右；同一树种，在不同的时代栽植距离也不尽相同。例如李的栽植距离，在汉代文献中所载约合 8 × 2.2 米，南北朝时《齐民要术》所载约合 3.6 × 3.6 米，清代《齐民四术》所载约合 2.6 × 2.6 米。清代文献中提出，果树的栽植距离以枝干之间互无障碍阻挡为准。（2）栽植坑穴要适当挖得深宽一些，有利于树木更好地生长。（3）掘取苗木时应尽量多带原土。明代农书提出最好在二十四节气中的霜降后先把土堆成一个圆垛，用绳索绕圈绑好，四周用松土填满，到第二年早春时再进行移栽，这样就可以达到多带原土的目的。（4）苗木放入栽植的坑穴时，要保持原来的方向。（5）苗木植入栽植穴时，要注意使根部舒展，不要有卷曲。（6）覆土时应使苗木的根与土壤紧密接触，不留空隙。为此，可

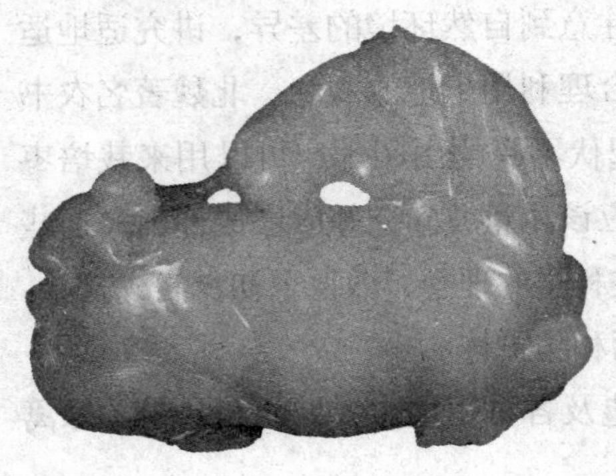

在加土之后轻轻摇动树干。对没有带上土的苗木，覆土后可将苗木向上提一提。（7）要经常适当地修剪树苗木，以减少蒸发。（8）覆土到最上面三寸时，不要夯实，以保持土壤松软，减少蒸发；移栽后，晴天每日均需浇水，经半月左右成活后，可停止浇水。（9）栽好后，切勿再摇动树干，最好立支柱扶持，以防风吹摇动树干。总之，尽量避免使苗木受伤，则可保证移栽成活。

2. 栽种的时间

果树移栽的时间，针对落叶果树，汉代时人们认为宜在农历正月的上半月。《齐民要术》则认为，移栽最好在农历正月，二月也可以，三月最差；总的原则是宁早勿晚，并提出可以根据当地的农候，灵活掌握移栽的适期。例如枣树以在叶芽萌发如鸡嘴状时移栽最适合。而常绿果树，则宜在天气转暖后移栽。

3. 巧夺天工的嫁接技术

在果树和经济林木的繁育技术史上，嫁接技术具有重要意义。嫁接，是植物的人工营养繁殖方法之一，即把一种植物的枝或芽，嫁接到另一种植物的茎或根上，使接在一起的两个部分长成一个完整的植株。这属于无性繁殖，其好处是不仅结果快，而且还能保持栽培品种原有的特性。同时，还能促使变异，培育出新的品种。嫁接技术在我国战国后期就已经出现。以后，《齐民要术》对有关嫁接的原理、方法，都有比较详备的记载。

《齐民要术》在《种梨篇》里指出：嫁接的梨树结果比用种子栽种的梨树生苗要快，方法是用棠梨或杜梨做砧木，最好是在梨树幼叶刚刚露出的时候。所谓“砧木”，就是在嫁接繁殖时承受接穗的植株。砧木可以是整株果树，也可以是树体的根段或枝段，起固定、支撑接穗并与接穗愈合后形成植株生长、结果的作用。砧木是果树嫁接苗的基础。而一般所说的“接穗”，就是接上去的芽或者枝的部分。操作的时候要注意不要损伤青皮，青皮伤了接穗就会死去；还要让梨的木部对着杜梨的木部，梨的青皮靠着杜梨的青皮。这样的做法是合乎科学道理的，因为接木成活的关键就在于砧木和接穗切面上的形成层要密切吻合。按《齐民要术》中说的，就是要求彼此的木质部对着木质部，韧皮部对着韧皮部，这样两者的形成层紧密地接合，嫁接就成功了。

在嫁接梨树使用砧木的选择上，《齐民要求》中提到可供利用的砧木有棠、杜、桑、枣、石榴等五种。经过实践比较：用棠作砧木，结的梨果实大肉质细；杜差些；桑树最不好。至于用枣或石榴作砧木所结的梨虽属上等，但是接十株只能活一二株。可见当时对远缘嫁接亲和力比较差、成活率低这个规律，已经有了一定的认识。因为从现代农学技术上来看，我们知道梨和棠、杜是同科同属不同种，至于梨和桑、枣、石榴却分别属于不同的科。这样的认识是符合客观规律的，属于较科学的认知。

为了突出说明用嫁接繁育的好处，《齐民要术》还用对比的方法，介绍了果树直接用种子的繁育，并指出不使用嫁接技术的果木，结实较迟，而且用种子繁育会产生不可避免的变质现象。比如一个梨虽然都有十来粒种子，但是其中只有两粒能长成梨，其余的都长成杜树。这个事实说明当时人们已经注意到用种子的繁育会严重退化，而且有性繁殖还会导致遗传分离的现象。用嫁接这样的无性繁殖方法，它的好处就在于没有性状分离现象，子代的变异比较少，能够比较好地保存亲代的优良性状。

关于嫁接的方法，随着时间的推移，人民的认识也有了提高。《齐民要术》中讲到的有枝接法和根接法，元代农书中总结出以下六种方法："一曰身接，二曰根接，三曰皮接，四曰枝接，五曰靥接，六曰搭接。""身接"近似今天的高接，今天的高接就是在已形成树冠的大树上进行的嫁接方法。果树生产中为了更换品种，在已成年的果树上换接不同品种，以代替原有品种的被称为"高接换种"。"根接"不同于今天的根接，近似低接。"靥接"就是压接。这个分法有依据不一致的缺点：有以嫁接方法分类的，如压接、搭接；有以嫁接的砧木和接穗的部位分类的，如身接、根接、枝接等。但是因叙述得既简明而又条理细致，所以仍为后来的许多农书所袭用。有些接木名词作为专门术语，今天不只在我国，甚至在日本也还在沿用。

正确掌握嫁接成活的技术关键，可以看作是嫁接技术提高的一个标志。明代人已经认识到接树有三个秘诀：第一要在树皮呈绿色就是还幼嫩的时候，第二要选有节的部分，第三接穗和砧木接合部位要对好。照这要求来做，万

无一失。它简要而又确切地说明了嫁接的年龄、部位和应该注意的事项。有节的地方分殖细胞最发达，选择这个部位是有科学根据的。

（三）果园的管理

中国古代，在果园土壤管理、施肥、灌溉排水等方面，积累了很多科学经验，流传到现代，成为农学管理中的宝贵财富。

1. 土壤的管理

《齐民要术》中对于落叶果树的论述中提到，古代在果树栽植后，一般不耕翻土壤，但对锄草却相当重视，同样对常绿果树也是这样。例如《避暑录话》中便主张柑橘园中要常年耘锄，令树下寸草不生。

到了元代，人们对于土壤的利用有了更科学切实的认识。他们认为，应该在农历正月果树发芽前，在树根旁尽量又深又宽地挖土，切断主根，勿伤须根，再覆土筑实，则结果肥大，称为“骗树”。其后的典籍中也常有此记述，只是“骗”或写作“善”。这种方法在现代社会中还常有使用，辽南果农在苹果栽培中应用的“放树窠子”就类似这种方法。

2. 施肥

古代的果树管理中十分重视给果树施肥。《齐民要术》提到，给果树施以腐熟的粪肥，可以增进果实的风味。宋代农书中说，橘树在冬、夏施肥，可以使果树枝叶繁茂。明清时期的典籍对果园施肥有较全面的论述，指出在果树萌芽时不宜施肥，以免损伤新根；开花时不宜施肥，以免引起落花；坐果后宜施肥，以促进果实膨大；果实采收后宜施肥，以恢复树势；冬季应施肥，以供来年树体发育。古代果园施用的肥料主要为有机质肥料，如大粪、猪粪、河泥、米泔等。

3. 灌溉排水

古籍中这方面的论述虽不多，但是内容却都比较切实可行。例如在宋代，人们发现干旱时节会使橘树生长受碍；雨水过多则会使果实开裂或果味淡薄。所以在橘园里开排水沟以防雨涝，遇旱则及时浇灌，并且指出，可结合灌溉进

行施肥。清代农人认识到要在果树休眠期进行灌溉，以促进来年春天的发育。到了明代，已经出现了“滴灌”的灌溉方式。针对无花果的需水特性，人们在旁边放置滴瓶进行滴灌。滴灌是一种局部灌溉的方法，因为是小范围灌溉可以使水分的渗漏和损失达到最低的程度，从而节水以提高灌溉效率。清代关于水蜜桃栽植的农书中指出，桃“喜干恶湿”，在多雨地区栽培，需开排水沟，以利排水。

4. 修剪整枝

虽然早在先秦文献中已有树木修剪的反映，但对果树的修剪整枝，史籍中却很少述及。仅明代的《农政全书》中提到，果树宜在距离地面6—7尺时截去主干，令其发生侧枝，使树型低矮，以便于采收。至于修剪，宋代时人们已经认识应剪去过于繁盛而又不能开花结实的枝条以促进树木长出新枝。元代，在农历正月的农事中，专门列有修剪各色果木一项，内容是剪去低小乱枝，以免耗费养分。明代农书提出葡萄要在夏季结果时修剪，使它的果实可以承接雨露的滋养而更加肥大。明清时期的文献中概括了几种应该剪去的枝条，如向下生长的“沥水条”、向里生长的“刺身条”、并列生长的“骈枝条”、杂乱生长的“冗杂条”、细长的“风枝”，以及枯朽的枝条。古代对树木进行修剪多在落叶后的休眠期。所用工具视枝条大小而异，小枝用刀剪，大枝用斧。切忌用手折，以免伤皮损干。剪口应斜向下，以免被雨水浸渍而腐烂。

5. 疏花疏果与保花保果

南北朝时，《齐民要术》已提出在枣树开花时，已有用木棒敲击树枝，以振落花朵的做法。书中认为如果不这样做，则枣花过于繁盛，以致不能坐果。其后历代典籍中也时有记载。这一做法延续至今，现今的华北地区，仍然有在枣树开花时用竹竿击落一部分枣花的做法。《齐民要术·种枣篇》记有“嫁枣”，即在农历正月一日，用斧背杂乱敲打枣树树干。据说，不这样做的后果是枣树开花而不坐果。书中还提到在农历正月或二月间，用斧背敲打树干，则结果数量多。以后的历代农书中也常提到这种方法。用斧背敲打树干，可使树干的韧皮部受到一定的损伤，使养分向下输送受阻，从而集中供给果实的生长发育。这种

方法演化至今，就是现代果树生产中的环状剥皮技术。

6. 防冻防霜

古籍中记有多种多样的果树防冻措施。例如《齐民要术》记载，在黄河中下游栽培石榴，每年农历十月起，需用草缠裹树干，至第二年二月除去；栽培板栗，幼龄时也要如此；栽培葡萄，每年农历十月至次年二月间，采用埋蔓防寒法。宋代时，在高纬度的寒冷地区，栽培桃、李等果树，人们创造了埋土防冻的人工匍匐形栽培法。古代史籍中记载的果园防霜的方法主要是熏烟，其次是覆盖。熏烟法最早见于《齐民要术》，其后历代典籍中也有涉及。杏是一年中开花最早的果树，特别容易遭受晚霜的损害，因此，杏园在花期要注意及时应用熏烟法以防霜害。在江苏太湖洞庭东西山栽培柑橘，冬季极寒时，也要应用熏烟以防霜雪。荔枝的耐寒性次于柑橘，尤其是幼龄时，根系入土尚不深，更易遭受霜害，所以幼龄荔枝在极寒时要覆盖或熏烟以防寒。

7. 病虫害的防治

关于防治病虫害，古籍中记有多种方法。《齐民要术》指出，冬季可以用火燎杀附着在果树枝干上的虫卵、虫蛹。唐代有人工钩杀蛀蚀果树枝干的天牛类害虫的方法；宋代出现了用杉木作钉堵塞虫害的方法；宋及宋以后的典籍中则提出，可用硫磺或中草药，如芫花或百部叶等塞入虫孔中杀虫。那时华南一带的柑橘园中有放养黄猄蚁以防治虫害的方法，这是中国乃至世界生物防治虫害史上的最早记载。到了清代，这种黄猄蚁也被用来防治荔枝的虫害。当时广东省一些地区的果园中在放养黄猄蚁时，还用藤、竹为材料，在树间架设蚁桥，以利蚁群往来活动，消灭害虫，市场上也有整窝的黄猄蚁出卖。这一方法到中华人民共和国建国初期仍在广东省的某些果园中应用。宋代人还意识到地衣附着生长在柑橘树干，会夺去柑橘枝叶上的养分，要及时用铁器刮除。

8. 采收

古代果实的采收标准依果树的种类不同而异。例如枣，宜在果皮全部转红时采收。过早采收者，因果肉尚未生长充实，晒制成干枣，皮色黄而皱；果皮全部转红而不收，则果皮变硬。柑橘，在重阳节时，果皮尚青，为求得善价，固然可以采收，但是，若要味美，应以降轻霜后再采收为宜。携李宜在果皮现

出黄晕，像兰花色，并有朱砂红斑点时采摘；果皮过青者，太生，风味不好；太熟，则易落果。虽然果实的采摘标准因果树的种类而异，不过，古人也曾概括了一条总的原则：果实应及时采收，过熟不收，则有伤树势，影响来年的结果。果实的具体采收方法，也是依果树的种类而异。例如枣，用摇落的方法。柑橘，可以用小剪。

三、蔬菜园艺

蔬菜生产在我国有着悠久的历史。西安半坡新石器时代遗址出土谷粒的同时，还发现在一个陶罐里，保留有芥菜或白菜一类的菜籽。据测试，大约在六千年以前。到了周代，蔬菜栽培已经相当发达。《诗经》里对蔬菜生产已经有所描述。春秋战国时期，随着城镇的发展，大田作物和蔬菜作物完成了分工，园圃种蔬菜已经成为专业部门。

（一）丰富多彩的蔬菜品种资源

我国的蔬菜种类繁多，品种丰富。据清代《植物名实图考》中的记载，当时蔬菜已有一百七十六种之多，现在经常食用的大约有一百种左右。在这一百种蔬菜中，我国原产的和引入的大约各占一半。我国原产的蔬菜，最早的记载见于《诗经》，有瓜、瓠、韭、葵、葑（蔓菁）、荷、芹、薇等十多种。据《齐民要术》记载，黄河流域各地栽种的蔬菜有瓜（甜瓜）、冬瓜、越瓜、胡瓜、茄子、瓠、芋、葵、蔓菁、菘、芦菔、蒜、葱、韭、芥、芸薹、胡荽乃至苜蓿等三十一种。其中现在仍在栽种的有二十一种，余下的已经从菜圃中退出或转作他用。在现有的二十一种中，经过历代劳动人民的精心培育，如菘（白菜）、芦菔（萝卜）已经成为主要的蔬菜，芥因为适应多种用途而有了许多变种。

1. 白菜

白菜古称菘。因为它栽培普遍，并且能四时供应，久吃不厌，深受人们喜爱。白菜中以北方的包心大白菜最有名。大白菜是由不包心的小白菜经过人工培育演变而来的。晋代以前，北方的古书里没有关于白菜的明确记载。南北朝时期，文献中对于白菜的风味和种植方法有了相关记载。到了宋代的文献中，明确出现了北方的北京和洛阳种植白菜的记载。明代李时珍在《本草纲目》中也说：在唐代以前北方没有白菜，但是现在南北都有了这种令大家喜欢的蔬菜。可见南北朝时期南方白菜种植已经很发达，北方却是在唐宋以后才开始兴盛。

经过精心培育，现在华北地区已经有了五百多个地方品种，有些又引种到南方，栽培上也得到良好的收获。日本是从1875年开始从我国引种白菜的，中间几经波折，后来才迅速推广开来，现在产量和种植面积都占蔬菜中第二位。

2. 萝卜

萝卜古称葖或称芦葩、莱菔。我国是萝卜的原产地之一，最早的记载见于《尔雅》。唐代时萝卜在长江北部、黄河北部分布最多。到了宋代已经“南北通有”，而江南安州、洪州、信阳的最大，重至五六斤。由于我国萝卜栽培时间久，种植地域广，所以有世界上类型最多的品种。如有一二两重一个的四季萝卜，也有一二十斤一个的大萝卜；有适于生吃，色味俱佳的“心里美”，也有供加工腌制的“露八分”等。

3. 芥菜

芥菜是我国特产的蔬菜之一，有利用根、茎、叶的许多变种。野生芥菜原产我国，最初只是用它的种子来调味。李时珍在《本草纲目》里说，除了辛辣可以入药的，还有可以食叶的如马芥、石芥、紫芥、花芥等。现在叶用的有雪里蕻、大叶芥等，茎用的变种有著名的四川榨菜，根用的变种有浙江的大头菜等。这是我国古代劳动人民在改造植物习性上的又一项成就。

4. 改良品种

除了驯化培育，我国还从很早就不断引进外来蔬菜，经过精心培育，逐渐改变了它们的习性，使其适应我国的风土特点，创造出许多新的、优良的类型和品种。如黄瓜，原来瓜小、肉薄，经过改进，不仅瓜型品质有了提高，而且还育成了适应不同季节和气候条件的新品种，从春到秋都可以栽种。原产印度的茄子，原始类型只有鸡蛋大小，而在我国很早就育成了长达七寸到一尺的长茄，重到几斤的大圆茄。华北的紫黑色大圆茄已经引种到许多国家。辣椒原产美洲，后来经由欧洲传入我国，不过三四百年，但是我们已经有了世界上最丰富的辣椒品种。除了长辣椒，还育成了许多类型的甜椒，其中北京的柿子椒已经引种到美国，命名为“中国巨人”，国外的许多甜椒品种就是在它的基础上选育出来的。这都是勤劳智慧的中国人民对世界的贡献。

(二) 蔬菜栽培技术

我国农业生产有精耕细作的传统，劳动人民培育出了丰富多样的品种。几千年来中国劳动人民又在蔬菜栽培技术方面积累了丰富的经验。大田作物的一套传统的精耕细作方法，有不少是在蔬菜栽培中创造出来的。

1. 南北朝及其以前时期

北魏著名的农学著作《齐民要术》共90篇，其中有15篇专门记述蔬菜栽培技术，共介绍了当时黄河中下游栽培的31种蔬菜，从选地到收获、贮藏、加工作了较全面的论述。

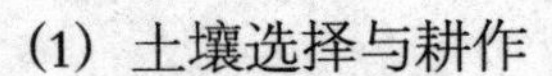

(1) 土壤选择与耕作

当时栽培蔬菜十分注意土壤的选择，一般均选用较肥沃的土壤。如种葵(冬寒菜)和蔓菁(芜菁)要选择“良地”；芫荽宜选用“黑软青沙地”；大蒜宜选“良软地”；薤宜选“白软地”等。菜地要求熟耕，如：种芫荽要3遍熟耕；种姜最好纵横耕7遍等。不过也常根据具体情况灵活掌握，比如：当芫荽连续耕作时，如果前茬地肥沃而又不板结的话，也可不加耕翻，以节省劳力。

关于充分合理利用土地的问题，《齐民要术》中也提到，一年里葵可以种三次，韭收割不过五回，反映了在一块土地上连续播种收获同一种蔬菜的情况。至于说到在瓜区中间种薤或小豆，葱里杂种胡荽，反映出当时在蔬菜栽培上已经出现了套种。套种是我国农民的传统经验，是影响深远的增产方式。《齐民要术》中还有一个在蔬菜生产中充分利用土地，增加作物产量的例子：对于一个农民来说，如果生活得靠近城镇，一定要多种些瓜、菜、茄子等等，这样既可供给家用，多余的还可出卖。假如有十亩地，选出其中最肥的五亩，用二亩半种葱，其余的二亩半种杂菜，即分别在二、四、六、七、八月，种上瓜、葵、莴苣、萝卜、蔓菁、白豆、小豆、芥、茄子近十种蔬菜。这样频繁的栽种，一方面说明当时农民对土地利用率的重视；另一方面反映出当时蔬菜种植的技艺水平已经相当高超。

（2）畦种水浇

早在春秋时就分畦种菜。分畦就是对田园进行分区种植。《齐民要术》中常强调畦种可以合理地利用土地，菜的产量也高，便于浇水和田间操作，避免人足践踏菜地。当时菜畦的大小是长 2 步，广 1 步，至于畦的高低，书中未说明，不过对于栽培韭菜，则特别强调畦一定要作得深。因为韭菜每采收一次都要加粪。蔬菜大都柔嫩多汁，生长期中耗水量较多，必需经常浇水。北方大都采用井灌。

（3）施肥

蔬菜一般生长期较短，需肥量较大，菜地一定要施用基肥。基肥通常用大粪，或先于菜地播种绿豆，到适当的时候将青豆直接翻埋到土壤中，充作基肥。播种后还常施用盖子粪，即在播种完成后，随即用腐熟的大粪对半和土，或纯粹用熟粪覆盖菜籽。蔬菜生长期中要施追肥，尤其是分批采收的蔬菜，如葵、韭菜每次采收后都要“下水加粪”。

（4）种子处理

播种前依蔬菜的种类不同进行不同的种子处理。对某些蔬菜的种子，如葵、芫荽等，强调在播种前必需予以曝晒，否则长出来的菜不会肥壮。市售的韭菜种子，购回后应检查它的新陈。《齐民要术》中的方法是用小铜锅盛水，将韭菜子放入，在火上微煮一下，很快就露出白芽的，便是新子；否则便是陈子。通常所称的芫荽的“种子”，在植物学上属双悬果，播种前宜搓开，否则不易吸水，有碍萌发。方法是将双悬果布于坚实的地上用湿土拌和后，用脚搓，双悬果即可分成两瓣。这类较难发芽的种子，如芫荽等，可先进行浸种催芽，而后再播种。莲藕的种子——莲子因外皮是革质，播种前可应用机械损伤法，即先将莲子的尖头在瓦上磨薄，然后再播种。生姜系采用无系繁殖法，早在东汉时人们就知道种姜要在清明后十天左右封在土中，到立夏后，种姜的芽开始萌动后再行播种。

（5）田间管理

栽培蔬菜除适时浇水、追肥外，还要及时进行锄草，这对于瓜类蔬菜尤为重要。早在西汉时，人们就已知道应用打杈、摘心等方法控制单株结

实数，以培养大瓠（葫芦）。到南北朝时，人们进一步认识到甜瓜是雌雄异花植物，雌花都着生在侧蔓上，栽培中应设法促生侧蔓，以便多结果。只是当时人们还不知道应用摘心以促生侧蔓，而是选用晚熟的谷子为甜瓜之前栽种的作物。

谷子成熟后，只收割谷穗，而高留谷茬。犁地时，将犁耳向下缚平，使谷茬不致被翻压下去。待甜瓜发芽后，锄草时注意使谷茬坚起，让瓜蔓攀在谷茬上，便可多发生侧蔓，从而多结果。

（6）病虫害防治

关于蔬菜病虫害防治方法，《齐民要术》也提到一些。如：适当安排播种期以避免虫害，在甜瓜地中置放有骨髓的牛羊骨以诱杀害虫等。此外还提到治瓜"笼"的方法：用盐处理甜瓜子后再播种，以及在甜瓜的根际撒灰均可治瓜"笼"。不过关于"笼"的确切含义究竟是指虫害抑或病害尚待考。

（7）采收

蔬菜的采收标准因种类而异。叶菜类一般都是整株采收；或掐头采收，留下根株发杈继续生长。大蒜头应在叶发黄时及时采收，否则易炸瓣。

（8）贮藏

西汉的文献中已有用窖藏芋的记载，只是未提窖的具体筑法。《齐民要术》中有较详细的记载：农历9—10月间，选择向阳处挖4—5尺深的坑，将菜放入坑中，一层菜一层土霜间放至距离地面一尺处。最上面用谷草厚厚地覆盖，此法相当于现在的埋藏法。

（9）加工

先秦文献中已有各种盐渍蔬菜的记载，《四民月令》中提到酱菜的加工。《齐民要术》中记载的蔬菜加工方法有盐渍、糟藏、蜜藏等。

总之，南北朝及其以前时期，蔬菜的栽培技术已十分丰富而细致。

2. 南北朝以后的发展

南北朝以后，多种形式的蔬菜栽培技术发展迅速。黄河中下游是我国早期

农业的基地之一，在这冬季寒冷干燥而又漫长的地区，自古能够做到终年均衡供应新鲜蔬菜，的确很不容易。为了争取多收早获，我国蔬菜生产除了露天栽培外，历代劳动人民还在生产实践中创造了保护地栽培、软化栽培、假植栽培等多种形式。像风障、阳畦、暖窖、温床以及温室等，到现在仍在沿用。

(1) 保护地栽培

保护地栽培是在露地不适于作物生长的季节或地区，采用保护设备，创造适于作物生长的环境，以获得稳产高产的栽培方法，是摆脱自然灾害影响的一种农业技术。简易的保护设备有寒冷季节利用风障、地膜覆盖、冷床、温床，以及塑料大、小棚和温室。利用保护地栽培蔬菜，世界上当以我国为最早，至迟在西汉已经开始。当时富人的餐桌上就有了经过加温培育的韭菜。汉元帝时期宫廷内为了在冬季培育葱和韭菜，盖了房屋，昼夜不停地加温生产，以满足皇室贵族的需求。根据传说，秦始皇的时候，在骊山已经能够利用温泉在冬季栽培出喜温的瓜类。到了唐代，就有了利用温泉的热能栽培蔬菜的明确记载，宫廷内用温泉水栽培瓜果，在农历的二月，贵族们就已经开始享用瓜果了。

到了元代，农民们已注意到瓜类和茄子是喜温蔬菜，种子萌发要求较高的温度，在气温尚低的农历正月，必须设法创造一个温度较高的环境进行催芽，才能使其萌芽。当时就采用瓦盆或桶盛腐粪，待其发热后将瓜类、茄子的种子插入，经常浇水，白天置于向阳处，夜里置于灶边，等种子发芽后，种于肥沃的苗床中。适当时节用稀薄的粪土浇灌，并搭矮棚遮护。待瓜茄苗长到适当大小时，带土移栽至本田。这种利用太阳的光能来保持温度，没有人工加温设施的方法叫阳畦。元代利用阳畦生产韭菜的方法是，在冬季的阳畦内，利用马粪覆盖发热，还在迎风处用篱障遮挡北风，到春天的时候韭菜芽长出，长到二三寸的时候收割下来获得新韭。用阳畦生产比温室更加经济，因为不用人工加热方法，所以它相当于现在的冷床育苗。

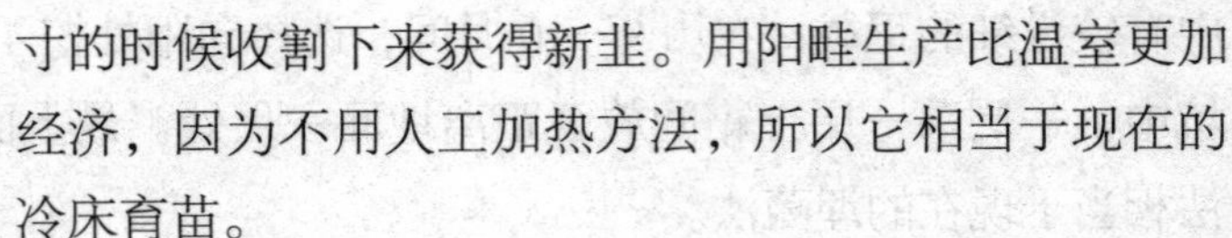

(2) 温室栽培

利用粪秽“发热”催芽，和现在利用酿热物发热的温床道理是一致的。可贵的是，600 多年前，农民们已知道粪秽发酵能产生相当高的热量，必须等发酵高峰过去后，才能用来给喜温的蔬菜催芽。清代文献中出现了“苗地”这一名称。当时对早春培育辣椒的苗地有严格的要求：苗地要选择高而干燥的肥沃之地，预先施以基肥，并精细整治。播种后，苗地上要搭矮棚遮护雨雪，防寒保暖。搭棚所用的材料为不透光的“草”，幼苗出土后，遇天气晴朗，白天应予揭去，使幼苗见日光。清代后期，四川省某些地方已创造出利用酿热物发热的温床培育瓜类和茄果类蔬菜的秧苗，名为“发热堂子”。方法是在立春、雨水之间挖三四尺深的坑，填入甘薯藤、稻草、牛粪等，洒以人粪尿，上面盖四五寸厚的粪渣或沙土，即成为“堂子”，如此分期挖成四至五个堂子，以备播种和逐步移栽秧苗。到惊蛰后，将瓜类或茄果类蔬菜的种子用水泡涨后密播于最先挖的堂子中，覆以谷壳，再盖以草荐。发芽后，天气晴朗时，白天揭去草荐，夜晚及雨天仍用草荐盖好。待子叶展开后，按 0.6–0.7 寸的株行距每两株相并，移至第二次挖的堂子中。经 10 余日长出两片真叶后，按 1 寸左右的株行距移至第三次挖的堂子中。如此经数次移栽，到天气转暖时，定植至本田。其时堂子中的酿热物也已腐熟，可用作肥料。

⑶ 软化栽培

由阳畦、温室供应的蔬菜，在品种和数量上终归有限。冬季每天吃贮藏的萝卜、白菜，也嫌有些单调。于是就有了更加简便的、用软化栽培生产的“黄化蔬菜”。早在战国时期就已有被称作“黄卷”的豆芽菜了。那是大豆发芽后的干制品，供药用。取发芽的大豆入蔬始于南宋，当时被称为“鹅黄豆生”。宋代以后，孵豆芽发展成为一套完整的技术。入明以后，取发芽的绿豆入蔬，名“豆芽菜”。明代后期，黄豆和绿豆均用来发芽后入蔬，分别称为黄豆芽和绿豆芽。生产豆芽菜的要点是，供应适量的水分，保持一定的温度，勿令见风日。豆芽菜是我国劳动人民的独特创造，它是使种子经过不见日光的黄化处理发芽做成的。黄豆、绿豆和豌豆都可以用来生芽。它不只清脆可口，而且营养丰富，所以深受广大人民群众的喜爱。

黄化蔬菜，不限于豆芽菜一类，韭、葱、蒜以至芹菜的秧苗都可以作黄化处理，其中韭黄一直受人珍视。北宋时已有韭黄生产，北宋的农书中首次记载了培养韭黄的方法：冬季，将韭根移至地窖中，用马粪施肥培土，即可长 1 尺多高。由于不见风日，所以长出来的叶子黄嫩，因此名之为“韭黄”。宋代孟元老在《东京梦华录》里，也说到当时的开封在十二月里，街头也有韭黄卖，可

见韭黄至迟在北宋已经有了。

(4) 瓜类整蔓

经过长期栽培后，人们对各种瓜类的结果习性有了较深刻的认识。到了清代，已知道针对其结果习性对不同的瓜类采取不同的整蔓措施。如：葫芦要摘心，瓠子不可摘心；甜瓜要打顶，黄瓜不打顶等。

(5) 无土栽培

最早的无土栽培出现在我国，“浮田种蕹菜”便是其最初的形式。蕹菜要求高温湿润。在闽、广等地，古代常用苇秆或竹篾编成筏，浮在水面上，将蕹菜子播于水中，长成后，蕹菜的茎叶从筏孔中穿出，随水深浅而上下浮动，称为“浮田”，可看作是最早的无土栽培。

(6) 菜窖的改进

明代文献中记载的菜窖较《齐民要术》时期有了明显的改进：选择向阳高处，掘7—8尺深，上面用草覆盖，窖口留门。秋季蔬菜长成后，连根拔起，摆放窖内，根部无需培泥。据说可贮存至次年春季。此法已相当于现在的活窖贮存。

(7) 食用菌栽培

先秦文献中已有以食用菌作为食品的记载。《齐民要术》记有食用菌的烹调方法。在唐代农书中首次提到构菌的栽培方法：用烂构木及叶埋于地中，常浇以米泔水，经2—3日即可长出构菌；或在畦中施烂粪，取6—7尺的构木段，截断捶碎，均匀地撒于畦中，覆土，常浇水保持湿润。见有小菌长出，用耙背推碎。再长出小菌，再推碎。如此反复三次，即可长出大菌，可以采食。元代农书中记有香菇的栽培方法：选择适宜的树种，如构树等，伐倒，用斧砍劈成坎，用土覆压。等树腐朽后，取香菇锉碎，均匀地撒入坎中，用蒿叶及土覆盖。经常浇以米泔水。隔一段时间用棒敲打树干，称为“惊蕈”，不久就可以长出香菇。清代在广东及江西的一些地方常栽培喜温性真菌——草菇，是以稻草为培养料栽培的。在湖南的一些地方则用苎麻秆及粗皮为培养料栽培，当地称为“麻菇”。

由上可见，我国在蔬菜园艺方面取得了很大的成就，为世界农艺作出了不可磨灭的贡献。

四、花卉园艺

花卉泛指一切可供观赏的植物。包括它的花、果、叶、茎、根等。通常以花朵为主要观赏对象。“花”在古代作“华”，约从北朝起，逐渐流行以“花”代“华”。“卉”的本意为草，是“草”的简写。“卉”是草类的总称，故古代“花卉”常称“花草”。古代称草本开花为“荣”，木本开花为“华”。“荣华”连称，泛指草木开花，所以花卉也就是代表一切草木之花。中国的花卉资源丰富，经过长时间的引种和国内外交流，积累了很多栽培经验。

（一）花卉栽培的起源和发展

独立的花卉栽培是从混合的园囿中分化出来的。殷商甲骨文中已有园、圃、囿的存在。园圃是栽培果蔬的场所，所栽果木如梅、桃等也兼有很好的观赏价值。囿和苑都是人工圈定的园林，有墙称囿，无墙为苑。汉武帝利用旧时秦的上林苑，加以增广，南北各方竞献名果异树，移植其中，多达2000余种，有名称记载的约100种，建成了中国历史上第一个大规模的植物园，在中国花卉栽培史上有较大影响。河北望都一号东汉墓中发现墓室内壁有盆栽花的壁画，表明盆栽花至迟在东汉时已流行。

从花卉本身的演变看，许多花卉原先本是食用、药用的植物，人们喜爱其花朵，遂逐渐转变成专供观赏的花卉。或者食用、药用兼顾，如白菊花、芍药、荷兰等。但是，更多的发展成为专门的观赏花卉，如中国独特的牡丹、兰花、菊、腊梅、月季、茶花等，它们是花卉的主流。另一类植物如松柏、梧桐、竹、芭蕉等在中国园林和家庭宅院中占有特殊的观赏地位，可谓广义的花卉，即观赏植物。

自从有了园圃和苑囿，便从农民中分化出专门从事栽植观赏植物的劳动者。

这些人世代经营，经验日益丰富，形成了专业的花卉种植户——花农和供应花卉的花市。隋唐时期，花卉业大兴。唐朝王室宫苑赏花之风盛行，长安城郊已有专业的花农，花市上出售花木有牡丹、芍药、樱桃、杜鹃、紫藤等等。春季京城中还有“移春槛”的活动，就是将名花异草植在笼子内，以木板为底，装以木轮，使人牵之自转，以供游人赏玩。还有“斗花”之举，富家豪商不惜千金买名花种于庭院中，以备春天到来时斗花取胜。这些赏花游乐活动，推动了花卉种植业的发展，长安几乎成了花的城市。宋元时期花卉的观赏从上层人士向民间普及，洛阳的风俗就是民众大都好花。春季到来时，城中人无论贵贱都插花，就连挑着担子卖货的小贩也是如此。花开时节，无论士人还是百姓都去观赏，热闹异常，直至花落季节。南宋临安以仲春十五日为“花朝节”，有“赏芙蓉”“开菊会”等结社赏花活动。钱塘门外形成花卉种植基地，四时奇花异草，每日在都城中展览。民间纷纷栽种盆花，相互馈赠。明清随着商品经济发展，更促进了花卉业的繁荣。华南地区的气候温暖，更适宜花卉发展，其花卉品类也不同于北方，花卉专业和花市盛况绝不亚于北地。除了专业花农，还出现了中间商——“花客”。

（二）栽培技术

花卉的栽培技术除了部分与大田作物相似外，更富有特殊之处。经过几千年积累，都散见于各种零星文献中，直至清初的《花镜》才有了系统的整理叙述。该书卷二的“棵花十八法”可谓集花卉栽培之大成。

1. 引种

花卉的栽培、品类的变异和增加，是与异地和异域不断引种有关。最早的大规模异地引种出现于前述的汉武帝上林苑。以后历代的引种，连绵不断。《南方草木状》所记岭南植物80种，其中的茉莉、素馨等即自波斯引入。唐代李德裕曾将南方的山茶、百叶木鞭蓉、紫桂、簇蝶、海石楠、俱那、四时杜鹃等花木引种在他的洛阳别墅平泉庄内，共有各地奇花异草70余种。白居易曾将苏州白莲引种于洛阳、庐山杜鹃引种于四川忠县。牡丹

原盛于洛阳，宋以后随着异地引种栽培，安徽亳州、山东曹州崛起成为牡丹著名产地。菊花原产长江流域和中原一带，元代起，渐向北方引种，直至边远地区也开始种菊花。

2. 无性繁殖

从唐宋时期起，嫁接的应用不限于果树桑木，并且推广到花卉上。宋代文献中就已有关于嫁接牡丹的记载。牡丹原产我国西北地区，它花大色艳，富丽多彩，深受人们喜爱。但最初却是作为药用植物被人采摘，到了隋唐时期才成为主要供观赏用的花卉来栽种。宋代除了用引种、分株和实生等方法，还采用嫁接来繁殖。嫁接的好处不只能产生新种，而且还能把新种很快繁殖起来。所以宋代牡丹的品种既多，花型花色的变化也更加复杂。当时洛阳还出现了一些靠嫁接牡丹为生的园艺专业户。嫁接的牡丹多已成为特殊的商品在市场上出售。嫁接的花卉除了牡丹，还推广到海棠、菊花、梅花等等。这虽然是由于迎合文人雅士和官绅的兴致，但也反映出当时的劳动人民在园艺技巧上的非凡成就。达尔文在《动物和植物在家养下的变异》一书中指出过："按照中国的传统来说，牡丹的栽培已经有一千四百年了，并且育成了二百到三百个变种。"在这些变种中就有许多是靠嫁接获得的。

实际上，花卉种植中利用无性繁殖较普遍。宋代农书中认为，花应该在大约三年或二年就进行分株。如果不分的话，旧根就会变老变硬而侵蚀新芽。但分株也不可过于频繁，分得太频繁也会对花株造成损害，要按着时节适时分株。分株的标准要看"根上发起小条"，就可以分。对于大的树木移植，须剪除部分枝条，以减少水分蒸腾，并防风摇致死。扦插的要点是要赶在阴天才可进行，最好是赶上连雨。插时须"一半入土中，一半出土外"。如果是蔷薇、木香、月季及各种藤本花条，必须在惊蛰前后，拣嫩枝砍下，长二尺左右，用指甲刮去枝下皮三四分，插于背阴之处。有关花木的嫁接技术至宋代才有记述，以后逐渐增加。北宋欧阳修叙述过牡丹的嫁接方法，其砧木要在春天到山中寻取，先种于畦中，到秋季方可嫁接。据说，洛阳最名贵的牡丹品种"姚黄"一个接穗即值钱万千，接穗是在秋季买下，到春天开花才付钱。嫁接的技术性很强，并非人人会接，当时著名的接花工，富豪之家没有不邀请的。当时对于接花法的

论述很多，有人指出在接花时，砧木与接穗皮须相对，使其津脉相通。有人提到当时洛阳的接花工以海棠接于犁上可以提前开花。还有人认为果实、种子性状相似的植物，其亲缘也相近，容易接活。清代有人以艾蒿为砧木，根接牡丹，使牡丹愈接愈佳，百种幻化，冠绝一时。

3. 种子繁殖

宋时已注意到长期进行无性繁殖的花木要改用有性的种子繁殖，因为自然杂交所结的种子，后代容易产生变异，再从中选择，便可获得新的品种。当时花户大抵多种花籽，以观其变。对种子繁殖的土壤肥料要求，正如《花镜》所说地势要高，土壤要肥，锄耕要勤，土松为好。下种的时间因花卉而异。下种的天气宜晴，雨天下种不易出芽，但晴天下种后三五日内最好有雨，不下雨要浇水。果核排种时必以尖朝上，肥土盖之。细子下种，则要盖灰。

4. 整枝摘心

宋代时苏州一带花农已知道识别梅的果枝和生长过旺、发育不充实的徒长枝，采取整枝、摘心、疏蕾、剪除幼果等方法，使花朵开多开大。《花镜》对整枝的必要性，还从观赏的角度申述，认为各种花木，如果任其自由发干抽条，未免有碍生长。需要修剪的要修剪，需要去掉的就要去掉，这样才能使枝条茂盛有致。修剪的方法要看花木的长相，枝向下垂者，当剪去。枝向里去者，当断去。有并列两相交的，当留一去一。枯朽的枝条，最能引来蛀虫，当速去除。冗杂的枝条，最能碍花，应当选择细弱的除去。粗枝用锯，细枝用剪，截痕向下，才能防雨水沁入木心等等，这些都是很实用的知识。

5. 治虫防虫

治虫防虫是花卉栽培中必不可缺的环节。防治害虫的措施记载，初见于宋代，至明清而更加完备。《洛阳牡丹记》提到牡丹防虫的方法是这样的：种花之前一定要选择好的土壤，除去旧土，用细土和白蔹末一斤混合。因为牡丹根甜，很容易引虫食，白蔹能杀虫，这是防治虫害的种花之法。还指出如果花开得小了，表明有蠹虫，要找到枝条上的小孔，即虫害所藏之处。花工将这种小孔称为“气窗”，用大针点硫酸末刺它，虫被杀死后花就会重新变得繁盛。可见宋代时

使用的药物治虫有白蔹、硫磺等，种类较少。到明清时，药物种类大为增加。光是《花镜》中提及的植物性药物有大蒜、芫花、百部等，无机药物有焰硝、硫磺、雄黄等。此外，还有采取物理方法如烟熏蛀孔、江蓠粘虫等。

花卉欣赏给人们带来了精神上的极大享受，起到同样作用的还有中国古代园林。

五、园林艺术

园林是中国独有的传统艺术，它是由山水、花木、建筑等组合而成的一个综合艺术品。中国园林建筑艺术有着鲜明的民族特色，体现出传统的民族文化。在中国的园林中，自然的山水林泉和人工的厅堂亭榭巧妙地融为一体，使游人触景生情，给人以启示和遐想，达到情景交融的境界。追求自然的意境是中国造园艺术的最终和最高目的，而这种意境的创造，必须要有丰富的文化内涵，通过“诗情”与“画意”将传统的审美观与自然景物密切地结合起来。

我国的园林艺术有着非常悠久的历史，前人为我们创造了极其辉煌的古代园林艺术，留下了丰富的艺术遗产。

（一）中国古典园林基本类型

关于古典园林的分类，因划分的依据和方法不同，有几种不同的分法：

一种是最笼统的分类，将古典园林分为两大类，一类是皇家园林，一类是除了皇家园林之外的，统称为私家园林。

一种是根据地域不同将古典园林分为三大类，集中在南京、无锡、苏州、杭州等地的成为南方类型；集中在西安、洛阳、开封、北京等地的成为北方类型；集中于潮汕、广州等地的为岭南类型。

还有将古典园林分为四种类型的，包括自然园林、寺庙园林、皇家园林和私家园林。

中国园林经历几千年的发展，形成了具有中国特色中国风味的传统艺术形式。

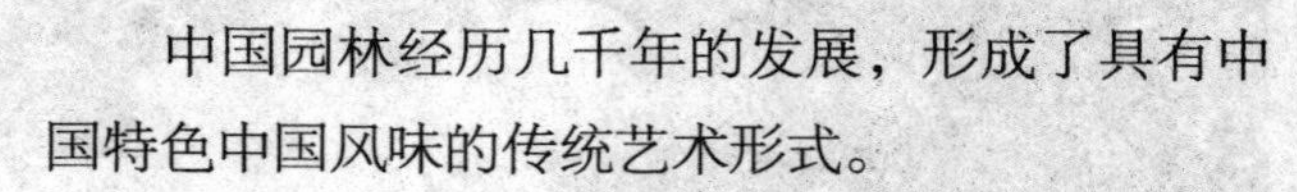

（二）中国古典园林发展简史

中国园林的历史大概可以追溯到3000年前，即大概是殷商时期。园林建设一直和政治、经济

和文化的发展密切相关。因为园林艺术是一门高度发达的综合艺术，它需要经济、文化发展到一定程度，社会财富积累到一定程度才能修建这种具有丰富文化内涵、供人享受游乐的园地。

园林的最初形式是“囿”。《史记》中记载的是，商纣王对人民施加重赋劳役。建造很多沙丘苑台，在里面散养着各种野兽和禽类，供自己在其中打猎取乐。这就是“园囿”的起源。而这片圈起来的园地，为了让天然的各种草木和鸟兽滋生繁育，进一步挖池筑台，建桥修路，成为专门供帝王带领后妃和贵族们狩猎游乐的场所。这就是园林的雏形。

春秋战国时期的园林已具有一定规模，有了成组的风景，既有土山又有池沼、亭台，追求自然山水之美的艺术风格已经萌芽，而不再仅仅局限于“囿”的模式。那时正是一个诸侯纷起竞相争霸的局势，周天子的权威地位受到很大冲击，使原本象征天命、只能由天子建造的高台逐渐成为诸侯园林的审美主体。各个诸侯国纷纷壮大自己的力量，并在自己的园林中大兴土木来显示自己的国力，用园林的规模来炫富斗势。

秦灭六国后，建立了大一统的封建帝国。秦始皇为了显示皇权的至高无上，大修苑圃，并且将苑圃和宫殿相结合，为后世帝王的宫苑建筑开创了先例。例如，秦始皇修建的上林苑，规模极其庞大，杜牧曾描述的气势磅礴的阿房宫仅仅是其中的一处建筑。汉武帝好大喜功，热衷求仙以长生不老，也是一个喜欢修建宫苑的帝王。他在长安城西建章宫，宫内挖“太液池”，池中堆造三山，以象征“蓬莱”“方丈”“瀛洲”三座海上仙山。隋唐以后的皇家宫苑都仿效这一布局，并沿用了太液池的旧名，一直到明清。现在北京中南海和北海就是明清时代的太液池。由此可见，中国最早出现的园林属于皇家园林，经过几千年的发展，已经形成自己的特点，是集朝会、居住、游赏、狩猎于一身的多功能住所。中国古典园林经过春秋、战国时期的初步成形，以及秦汉时期的发展，完成了从商、周的园、囿向秦、汉宫苑和私家园林的转化。

私家园林始于西汉，其主人多为贵族和富豪。其布置与结构也是极尽奢华。魏晋南北朝时期，是中国园林史上的一个重要时期。这一时期的私人造园得到很大发展，它奠定了我国古代私家园林的基本风格和“诗情画意”的写意境界，

并深刻地影响了皇家园林的发展。文人、画家参与造园，进一步发展了“秦汉典范”。北魏张伦府苑、吴郡顾辟疆的“辟疆园”、司马炎的“琼圃园”“灵芝园”、吴王在南京修建的宫苑“华林园”等，都是这一时期有代表性的园苑。南北朝时期佛教兴盛，佛寺建筑广为兴建。因为宗教宣传和信仰的关系，佛寺建筑选用宫殿形式，装饰华丽、金碧辉煌并附有庭园，有其独特的价值。寺观从而逐步成为一般平民借以游览山水和玩乐的胜地，寺庙园林此时最为兴盛。

到了隋唐时代，文人显贵造园之风更是兴盛，大批文人、画家参与造园，寓画意于景，寄山水为情，逐渐把我国造园艺术从自然山水园阶段推进到写意山水园阶段，同时推动了造园理论的深化和确立。长安和洛阳两座大城市的郊区都是贵胄的私家园林。既是诗人又是画家的王维曾作“辋川别业”，相地造园，园内山风溪流、堂前小桥亭台，都依照他所绘的画图布局筑建，表达出其诗作与画作的风格。而白居易在洛阳的私园却是一座典型的人工“市隐宅园”。唐代以来，江南的经济迅速发展，文人显贵多出现在江浙，所以大量的私家园林在南方出现也就不足为奇了。

隋唐之后，宋朝、元朝造园进一步加强了写意山水园的创作意境，“文人园”日臻成熟，审美情趣偏于细腻、婉约、写实，规模更趋小型化。经过唐代对园林意境的开拓、又经过两宋的进一步发展，为中国古代造园艺术登上艺术大雅之堂、成为一门独立的艺术品类奠定了基础。朱元璋推翻元朝统治后建都金陵，当时社会经过恢复发展已经逐渐昌盛，所建宫苑大都宏大而壮丽。明朝宫苑代表是紫禁城西面的西苑。清代皇帝都喜欢建筑行宫园林，在北京附近修建很多大型行宫御苑，最著名的有圆明园，还有承德的避暑山庄。明清时代的江南经济最为发达，修建园林蔚然成风，形成了几次造园高潮。南方现存私家园林大多是明清两代的遗物。

到了清末，由于外来侵略，西方文化的冲击，经济崩溃等原因，造园理论探索停滞不前，使园林创作由盛而衰。但中国园林的成就却达到了它历史的巅峰，其造园手法已被西方国家所推崇和模仿，在西方国家掀起了一股“中国园

林热”。中国园林艺术从东方到西方，成为被全世界公认的“世界园林之母”“世界艺术之奇观”。

纵观中国古典园林的发展历史：中国造园艺术，是以追求自然精神境界为最终和最高目的，从而达到“虽由人作，宛自天开”的目的，是在批判性地继承前人创作的基础上而有所创新，以此推动中国园林不断向前发展演变。它深含着中国文化的内蕴，是中国文化史上的艺术珍品，是中华民族内在精神品格的体现，今天仍是我们需要继承与发展的绚丽事业。

（三）中国园林艺术手法

中国园林之所以在世界上具有很高的地位，和它的巧妙艺术手法以及高超的造园技艺是分不开的。中国园林艺术的关键词就是“自然”和“以小见大”。

1. 模拟自然，同时深含人文精神

中国古典园林的园景主要是模仿自然，用人工的力量来建造自然的景色。所以，园林中最重要的部分包括凿池开山，栽花种树，用人工仿照自然山水风景，或利用古代山水画为蓝本，加以诗词的情调，构成许多如诗如画的景致。中国古典园林的这一特点，主要是由中国园林的性质决定的。因为不论是封建帝王还是官僚阶层，他们久居深宫大院，都怀有一种难以割舍的“山林之乐”的情怀。因此，他们的园林艺术都追求幽美的山林景色，以达到身居深宫而仍可享受山林之趣的目的。

中国古典园林虽然是艺术地再现自然，但却不是无目的地再现，而是在自然景物中寄托一定的理想和信念，借助自然景物来表达园主人的志向和情趣，以满足人的某种精神追求。园名、景名的设计就是中国古典园林表情达意的一种手法。文人骚客常把出世入世的人生态度和对景物的理解转化成充满个性和诗情画意的文字，由此引发他人的思索，激发别人的情感，从而使景色不单纯成为景色，而是融合了深厚的人文情怀的景观。苏州的“拙政园”是明代御使王献臣所建，他不满朝政，退而居家，取晋代潘岳《闲居赋》中“拙者为政”

之意命名，寄托了纵情山水而避政治的愿望。扬州有座“个园”，相传是郑板桥的私家园林，郑板桥爱竹众人皆知，而“个”就是竹的象形，竹有高尚的品德，园林主人的用意就在于显示其自身的“清风亮节”与不流于世俗的志趣。中国古典园林借景抒情，把深远的意境、人文的思索、悠然自得的情趣蕴藏在具体的景物形象中。

2. 有限的空间，无限的园景

受社会历史条件的限制，中国古典园林绝大部分是封闭的，即园林的周围建有围墙，景物被围在园内。而且，除少数皇家宫苑外，园林的面积一般都比较小。要在一个极其有限的范围内再现自然山水之美，最重要也最困难的就是突破空间的局限，在有限的空间内展现出无限的大自然之美。中国古典园林的最高成就恰恰就体现在这个方面，讲究的是“诗情”和“画意”。中国传统绘画讲究的是缩千里于尺幅之中，在方寸之间展现千里江山。在这一点上，中国园林也有异曲同工之妙。它凝聚自然山水的精华，让游人在有限的空间里尽量多地欣赏到不同的景色，在较短的时间内尽量多地观览到丰富多彩的风光。扬州个园的四季假山，在一小块境地里，通过叠石造山，巧妙地组合成四时之景，这就是中国古典园林的精华所在。这种“虚实相生”“以少许胜多许”的艺术构思，表现了中国园林艺术的重要特色。一般来说，中国古典园林突破空间局限，创造丰富园景的最重要的手法，就是采取曲折而自由的布局，用划分景区和空间以及“借景”的办法。

3. 小品建筑的应用

中国古典园林特别善于利用具有浓厚的民族风格的各种建筑物，如亭、台、楼、阁、廊、榭、轩、舫、馆、桥等，配合自然的水、石、花、木等组成体现各种情趣的园景。以常见的亭、廊、桥为例，它们所构成的艺术形象和艺术境界都是独具匠心的。如亭，不仅造型丰富多彩，而且它在园林中起着“点景”与“引景”的作用。如苏州西园的湖心亭、拙政园别有洞天半亭、北京北海公园的五龙亭。再如长廊，它在园林中间既是游客游览的必经路线，又起着分割空间、组合景物的作用。如当人们漫步在北京颐和园的长廊之中，便可饱览昆明湖的

美丽景色；而苏州拙政园的水廊，则轻盈婉约，人行其上，宛如凌波漫步；苏州怡园的复廊，用花墙分隔，墙上形式各异的漏窗（又称“花窗”或“花墙洞”），使园似界非界，似隔非隔，景中有景，小中见大，变化无穷，这种漏窗在江南古典园林中运用极广，这是古代建筑匠师们的一个杰出创造。至于中国园林中的桥，则更是以其丰富多姿的形式，在世界建筑艺术史上大放异彩。最突出的例子是北京颐和园的十七孔桥、玉带桥，它们各以其生动别致的造型，把颐和园的景色装点得更加动人。此外，江苏扬州瘦西湖的五亭桥、苏州拙政园的廊桥则又是另一种风格，成为这些园林中最引人注目的园景之一。

（四）中国四大名园简介

1. 颐和园

颐和园位于北京西北郊海淀区，距北京城区 15 公里，是利用昆明湖、万寿山为基址，以杭州西湖风景为蓝本，汲取江南园林的某些设计手法和意境建成的一座大型天然山水园，也是保存得最完整的一座皇家行宫御苑，占地约 290 公顷。颐和园是我国现存规模最大、保存最完整的皇家园林，为中国四大名园（另三座为承德的避暑山庄、苏州的拙政园、苏州的留园）之一。被誉为皇家园林博物馆。

颐和园始建于公元 1750 年，1764 年建成，原是清朝帝王的行宫和花园，前身为清漪园，是三山五园中最后兴建的一座园林。乾隆即位以前，在北京西郊一带，已建起了四座大型皇家园林，从海淀到香山这四座园林自成体系，相互间缺乏有机的联系，中间的“瓮山泊”成了一片空旷地带。乾隆十五年（1750 年），乾隆皇帝将这里改建为清漪园，以此为中心把两边的四个园子连成一体，形成了从清华园到香山长达 20 公里的皇家园林区。咸丰十年（1860 年），清漪园被英法联军焚毁。光绪十四年（1888 年），慈禧太后以筹措海军经费的名义动用三千万两白银重建，改称颐和园，作为消夏游乐地。到光绪二十六年（1900 年），颐和园又遭“八国联军”的破坏，烧毁了许多建筑物。光绪

二十九年（1903年）修复。后来在军阀混战、国民党统治时期，又遭破坏。1949年中华人民共和国成立之后政府不断拨款修缮。1961年3月4日，颐和园被公布为第一批全国重点文物保护单位，1998年11月被列入《世界遗产名录》。

2. 承德避暑山庄

避暑山庄位于承德市中心区以北，武烈河西岸一带狭长的谷地上，始建于1703年，历经清朝三代皇帝：康熙、雍正、乾隆，耗时八十九年建成，距离北京230公里，由皇帝宫室、皇家园林和宏伟壮观的寺庙群组成。山庄的建筑布局大体可分为宫殿区和苑景区两大部分，苑景区又可分成湖区、平原区和山区三部分。占地五百六十四万平方米，环绕山庄蜿蜒起伏的宫墙长达万米，是中国现存最大的古典皇家园林。相当于颐和园的两倍，有八个北海公园那么大。内有康熙乾隆钦定的72景。拥有殿、堂、楼、馆、亭、榭、阁、轩、斋、寺等建筑100余处。它的最大特色是山中有园，园中有山。

避暑山庄与北京紫禁城相比，以其朴素淡雅的山村野趣为格调，取自然山水之本色，吸收江南塞北之风光，成为中国现存占地最大的古代帝王宫苑。

避暑山庄及周围寺庙是一个紧密关联的有机整体，同时又具有不同风格的强烈对比，避暑山庄朴素淡雅，其周围寺庙金碧辉煌。这是清代帝王处理民族关系的重要举措之一。由于存在众多群体的历史文化遗产，使避暑山庄及周围寺庙成为全国重点文物保护单位、全国十大名胜、44处风景名胜保护区之一，承德也因此成为全国首批24座历史文化名城之一。

3. 苏州拙政园

拙政园位于苏州市娄门内东北街178号，是江南园林的代表，也是苏州园林中面积最大的古典山水园林。最初是唐代诗人陆龟蒙的住宅，元朝时为大弘（宏）寺。明正德四年，由明代弘治进士、明嘉靖年间御史王献臣买下，聘著名画家、吴门画派的代表人物文征明参与设计蓝图，历时十六年建成，借用西晋文人潘岳《闲居赋》中“此亦拙者之为政也”之句取园名，暗喻自己把浇园种菜作为自己（拙者）的“政”事，含

仕途失意归隐之意。

拙政园全园占地约62亩，分为东、中、西和住宅四个部分。拙政园中现有的建筑，大多是清咸丰十年成为太平天国忠王府花园时重建，至清末形成东、中、西三个相对独立的小园。中部是拙政园的主景区，为精华所在。面积约18.5亩，池水面积占全园面积的五分之三。其总体布局以水池为中心，亭台楼榭皆临水而建，具有江南水乡的典型特色。临水而建了很多建筑小品，高低错落有致，主次分明，和谐统一。总的格局保持了明代园林浑厚、质朴、疏朗的艺术风格。园内广植荷花，“远香堂”为中部拙政园主景区的主体建筑，池水清澈广阔，荷花飘香，周围绿荫环绕，亭桥点缀其间，四季景色因时而异，美不胜收。远香堂之西有“倚玉轩”与“香洲”遥遥相对，两者与其北面的“荷风四面亭”成三足鼎立之势，都可随势赏荷。清风徐来，水波不兴，给人以不可言传的美之享受。

4. 苏州留园

留园坐落于苏州市阊门外，始建于明代嘉靖年间。原为徐时泰的东园，清代归刘蓉峰所有，改称寒碧山庄，俗称“刘园”。清光绪二年又为盛旭人所据，始称留园。留园占地约30亩，留园内建筑的数量在苏州诸园中居冠。数十个大小不等的庭园小品的组合搭配，充分体现了古代造园艺术的高超和江南园林的艺术风格。

留园全园共分为四个部分，建筑物众多而不混乱的方法是设置各种门窗以沟通景色，使游人视野大开。在一个园林中要领略到山水、田园、山林、庭园四种不同景色是不容易的，但在留园中却做到了这一点：其中部以水景见长，是全园的精华所在；东部以曲院回廊的建筑取胜，著名的有还我读书处、冠云台、冠云楼等十数处斋、轩，院内池后的三座石峰更为增胜；北部颇具乡村风光，并有新辟盆景园；西区则是全园最高处，有野趣，以假山为奇，土石相间，堆砌自然。池南涵碧山房与明瑟楼为留园的主要观景建筑。

中国古典园林融合了园艺、建筑、文学、诗歌、绘画等多种艺术类型，一

座精美的园林就是一部耐人寻味的文化典籍。鉴赏古典园林中丰富多样的建筑形态，理解各种植物代表的不同涵义，品味园林中的诗歌、楹联、书法、雕塑，从中我们可以领略到中华民族灿烂的传统文化。从古典园林独特的造园艺术，如构园造景中的“借景”之妙、“曲径通幽”之美，感受中华传统文化的博大精深，一种民族的自豪感和自信心会油然而生。

中国大地幅员辽阔，物产丰富。中国素有“世界园林之母”之誉，被公认为是“花的国度”。中国是世界上栽培植物的起源地之一，在世界已知的 666 种主要栽培植物中，起源于中国的有 136 种，占世界的 20.4%，位居第一；特别是果树栽培，中国的物种十分丰富，多数柑橘类都起源于中国。而在几千年文明的历史长河中，中国的园艺栽培技术不断发展，出现了对今天影响深远的温室栽培、无土栽培等技术的雏形，嫁接技术也日益完善，这些都是中国古代园艺的巨大成就。

清代以前的中国是一个开放的国家，对外交流大大丰富了中国的果蔬品种。著名的丝绸之路给中国带来了葡萄、核桃、胡萝卜、胡椒、胡豆、菠菜（又称为波斯菜）、黄瓜（汉时称胡瓜）、石榴等，为中国人的日常饮食增添了更多的选择。

中国的花卉和园林艺术以其独树一帜的美学特性和艺术魅力贯穿了整个民族的文化发展史，它与中国古典美学思想一脉相承，从一个鲜明的侧面反映了炎黄子孙崇尚美和追求美的传统文化意识，在世界文化之林中树立了独特的东方美学典范。

古代纺织

我国有着丰富的文化遗产和悠久的历史，是人类文明的重要发源地之一。我们的先人开辟了广阔而肥沃的土地，为了生存创造了一个又一个伟大的发明，纺织技术就是其中之一。我国古代纺织技术具有非常悠久的历史，早在原始社会时期，人们为了适应气候的变化，就懂得了就地取材，利用自然资源作为纺织的材料，并且制造了简单的纺织器械。直到今天，我们日常的衣服和某些生活用品及艺术品都是纺织的产物。

一、古代纺织的发展概述

(一) 原始社会时期的纺织起源

我国纺织业起源于距今五千年以前的新石器时代仰韶时期，这一时期人们已经知道用纺纶捻线，用竹、苇编织席子，用骨针缝制衣服。当时纺织的原料一是麻，二是葛，妇女们用它们来捻成细线，织成布匹。后来传说到了黄帝时期开始推广育蚕技术，丝织业开始发展。到了殷商时期，丝织业分布区域就渐渐扩大了。其实古代史籍中有很多关于丝织业起源的传说，这些记载为探讨丝织业的起源提供了丰富的线索。近年来丝织业考古活动的兴盛则提供了大量直接证据。同时，通过对考古资料与古代传说的深入研究，我们已经可以初步断定我国丝织业的起源是有很多中心的。在黄河中游地区，考古学家在苗城西王村发现"蛹"形陶器，在山西夏县西阴村发现半个蚕茧，再加上黄帝妻子螺祖始养蚕的传说，可以认为黄河中游在很久以前就已有了蚕桑丝织生产。同样在黄河下游地区，也有关于丝织起源的传说，同时在河南荥阳青台村还发现有距今五千多年的丝织品。在长江下游地区，早在距今七千年以前，河姆渡人就利用野蚕茧进行原始的手工捻纺编织，经过两千多年的发展，到钱山漾文化时，该地区的先民们已能用家蚕茧缫丝织出技术水平很高的丝织物。总之，我国丝织业起源于距今五千年以前的长江下游及黄河中下游等地区。丝织业起源后，由于受到石器时代生产力水平的限制，发展缓慢，而且水平很低，直到殷商、西周时期，生产技术较前代有了很大的进步。《诗经》中，也有许多关于生产丝织的具体描写。甲骨文中多次出现"丝""桑""帛""蚕"等字以及大量的有关桑蚕的卜辞，因此，结合近年来有关丝织业的考古发现，我们大致可以勾画出当时丝织业分布的大体趋势。此外，据史料记载早在七千年前河姆渡人的时候，我国就已经有了比较完备的原始纺织工具，利用蚕茧的秘密很可能已被人们掌

握，据此推断“当时不仅有了强捻富有弹性轻盈的络纱‘靓’一类的织物，而且还可能出现平纹组织的纱罗”。

总之，我国纺织在经历原始社会的漫长发展时期后，人们的衣着进化到了用五彩的锦帛做衣裳，而且注意到了衣服的文采、样式、质地。纺织品的多样复杂，代表了这一历史时期的纺织工艺的成就，也表明了社会经济繁荣的真实面貌。

（二）奴隶社会时期的纺织

在奴隶社会中，奴隶越来越多地投入到生产领域是社会经济迅速发展的首要条件。奴隶被用于农业生产，更是农业进一步发展的决定因素，随着农业的发展，手工业也更加发达起来。当然和其他手工业一样，丝、麻纺织工业相当发达。以产品种类来看，那时的丝、麻纺织手工业中已有了固定的内部分工，出现了专业的作坊。较细的分工和高度的制作技术产生了多种多样的精美纺织品。

蚕桑丝织业在我国有着十分悠久的历史，在先秦时期已经有了相当的发展，不仅是人们致富的一个途径，也是富国强兵的重要依仗。各个时期的统治者无不重视发展农桑，奖励耕织。商代奴隶主贵族强迫奴隶进行大规模的集体耕作，奴隶们的劳动发展了农业，当时的农产品种类很多，作为农业的副业——桑麻，也大量发展起来。随着生产技术水平的提高，商代蚕桑也发展起来，缫丝、纺织、缝纫都很繁忙。丝织品和麻织品比起来，丝织品光泽、细密、鲜美、柔滑，在阶级社会中为奴隶主所喜爱，因此纺织工业被奴隶主所垄断，奴隶主穿丝帛，奴隶们穿用的都是麻布。周代是我国奴隶制繁盛的时期，经济比商代有了更大的发展。具有传统性能的简单机械缫车、纺车、织机等相继出现，还形成了纺织中心。根据历史记载，我国最早出现的纺织中心，可以追溯到两千五百年前左右，即春秋时代，以临淄为中心的齐鲁地区。当时另有一纺织中心是以陈留、襄邑为中心的平原地区。陈留、襄邑出的美锦，与齐鲁地区的罗纨绮缟齐名，也是当时的名产。直到汉末三国时期，还很兴盛。我国古代劳动人民用自己的

智慧和双手，创造了纺织工艺的高度成就。使我国远在公元前六七世纪时，即我国的春秋时期，就已经成为世界闻名的“丝绸之国”了。

（三）封建社会时期的纺织

战国时期是我国封建社会的形成时期。从春秋末年到战国中期的二百年间，封建土地所有制逐步确立。地主阶级为了争取庶民在经济和政治上的支持，不得不稍微改善了平民的地位，劳动者地位的提高是奴隶制过渡到封建制的根本原因，也是当时社会生产力迅速提高的根本原因。在这些背景下，战国时期纺织手工业在生产技术方面迅速提高。首先就表现在纺织工业部门的扩大、产品的多样、生产的增长和技术的提高上。根据文献和近些年来考古发掘的文物来看，纺织手工业在当时已有了辉煌的成就。不仅在北方比较发达，而且在南方也占有重要的地位，在工艺上达到了很高的水平。纺织手工业产品多而精，成为贵族们的普遍穿着，丝织物在贵族宫廷里已成为不甚爱惜之物。根据麻葛丝帛的遗留，我们还可以推断当时的纺织工艺已经十分发达。蚕丝缕细而弱，缫丝要用缫车，络丝要用络车，织帛要用轻轴，这些复杂的工具，都是随着丝缕的需要、丝织物的发展而发展的。战国时代的纺织工艺是我国古代纺织历史上灿烂的一页，在我国历史和文化遗产上占有重要的地位。战国时期劳动人民在纺织技术和艺术上的创造性，为我国纺织工艺取得了辉煌的成就。

（四）秦汉时期的纺织

“秦时明月汉时关”，我国秦汉时代总是令后人有许多的追念。如果没有蚕桑手工纺织业的发展及其在诸多生产领域的应用，秦汉帝国雄厚的经济力量将是不可思议的。汉代的纺织业仍然是以麻、丝物为主。在江南地区考古中发现多处有丝、麻物。事实上我国古代蚕茧的缫丝技术，源远流长。到了汉代，缫丝技术已经相当完善。江苏铜山洪楼、

江苏沛县留城镇等地所出的纺织图，都画有完整的络丝车图形。汉代画像石中的《纺织图》所反映的缫丝技术几乎也是这样。到了两汉时期，黄河流域丝织业重心得到进一步发展和巩固，并且影响深远。这一时期，由于黄河流域丝织业重心的形成，不仅使丝织业生产技术传播到周边少数民族地区，而且长江流域丝织业也得到发展。长江中下游地区的丝织生产技术发展后又向南传到南部沿海等地区，促进了这些地区纺织工业的发展。同时汉代的纺织业具有产品丰富、制作精良等特点，襄邑的丝织业进一步发展，锦的生产无论从产量、质量，还是品种花色上，都在很大程度上超过了前代。《范子计然》书记载："锦，大丈出陈留。"襄邑汉时属于陈留郡，可见襄邑在汉代家庭丝织手工业已经相当发达，达到了无妇不织锦的程度。因此左思就称赞道"锦绣襄邑"。

西汉时中央政府在全国设两处服官，一在襄邑，一在临淄。襄邑服官雇佣大批工匠，造珍贵丝织衣物，供公卿大臣之用，又专门制作衮龙文绣等礼服，供皇室之用，也就是说襄邑的丝织衣物不是普通人能够使用的。在汉代，一石米平均价格在百钱左右，而当时一匹高级的襄邑锦价值两万钱，可见襄邑锦的珍贵程度。汉代纺织物非常精美，现在可见的汉代纺织品以湖北江陵秦汉墓和湖南长沙马王堆汉墓出土的丝麻纺织品数量最多，品种花色最为齐全，有对鸟花卉纹绮，仅重四十九克的素纱单衣，隐花孔雀纹锦，耳环形菱纹花罗，绒圈锦和凸花锦等高级提花丝织品。还有第一次发现的泥金银印花纱和印花敷彩纱等珍贵的印花丝织品。沿丝绸之路出土的汉代织物更是绚丽灿烂。1959 年新疆民丰尼雅遗址东汉墓出土有隶体"万世如意"锦袍和袜子及"延年益寿大宜子孙"锦手套以及地毯和毛罗等名贵品种。在这里并首次发现了平纹棉织品及蜡染印花棉布。织物品种如此复杂，得益于织物的工具和工艺的先进。如广泛地使用了提花机、织花机。

（五）三国两晋南北朝时期的纺织

魏晋南北朝时期丝织品仍然是以经锦为主，花纹则以禽兽纹为特色。1959

年新疆和高昌国吐鲁番墓群中出土有方格兽纹锦、夔纹锦、树纹锦以及禽兽纹锦等等。三国时期的丝绸服饰状况如何，我们可从现存的诗文中窥见一斑。秦汉以后，长江流域进一步被开发，三国时吴国孙权对蚕桑相当支持和重视，孙权曾颁布“禁止蚕织时以役事扰民”的诏令。可知吴国桑蚕生产已经具有相当的规模。据传，孙权曾派人到日本传授缝纫技术和吴地衣织，日本的“和服”就是由此而织成的，故又称“吴服”。这时，吴地丝绸通过海上“丝绸之路”远销罗马等地。与此同时，江南的刺绣织锦技术也已日趋完善。又据说孙权怕热，吴夫人亲自用头发剖为细丝，用胶粘接起来，以发丝为罗纱，裁剪成帷幔。帐用后，从里往外一看，像烟雾在轻轻飘动，非常凉爽，时人称为“丝绝”。可知，苏绣早在三国时就成为当时一绝，也难怪苏绣今天这么有名。这些都足以说明当时丝织品蓬勃发展的状况。但与魏、吴相比，蜀地的织锦业更为发达，古蜀地有着悠久的蚕桑丝绸业历史。到三国时，刘备在蜀地立都，诸葛亮率兵征服苗地时，曾到过大小铜仁江，那时流行瘟疫，男女老少身上相继长满痘疤，诸葛亮知道后派人送去大量丝绸给病人做衣服被褥，以防痘疤破裂后感染，使许多人恢复了健康，蜀军也因此赢得了苗族人民的心，而且诸葛亮还亲自送给当地人民织锦的纹样，并向苗民传授织锦技术，鼓励当地百姓缫丝织锦，栽桑养蚕。苗民在吸收蜀锦优点的基础上，织成五彩绒锦，后人为纪念诸葛亮的功绩，将之称为“武侯锦”。武侯锦色泽艳丽，万紫千红，苗民每逢赶集都要带到集市交易，人们竞相抢购，它很快流传到其他地区，如现在的侗锦，又称“诸葛锦”，其花纹繁复华丽，质地精美。蜀锦成为当时最畅销的丝织品，蜀国用它来搞外交，即以蜀锦作为其联吴拒曹的工具。据当时一些书籍记载，蜀锦不仅花样繁多，而且色泽鲜艳、不宜褪色。笔记小说《茅亭客话》中记有一个官员在成都做官时，曾将蜀锦与从苏杭买来的绫罗绸缎放在一起染成大红色，几年后到京城为官，发现蜀锦色泽如新，而绸缎的红色已褪，于是蜀锦在京城名声更噪。这些都足以说明当时蜀锦以其艳丽的花纹和精良的质地赢得了各地人们的喜爱，也足以证明当时织锦技术的高超及其对后世的影响。

（六）隋唐时期的纺织

隋朝铲平陈国后，获得了恢复和发展生产的和平环境。由于农业生产的迅速恢复与发展，手工业也日益发展起来，特别是纺织业更有突出的进步。当时河北、河南、四川、山东一带是纺织的主要地区，所产绫、锦、绢等纺织物品非常精良。隋代初年杨坚提倡节俭，但到了隋炀帝时风气大变。隋炀帝杨广是历史上著名的荒唐奢侈的皇帝。他竟奢侈地做到了“宫树秋冬凋落，则剪彩为华”的地步，不过这种荒唐奢侈的举动在一定程度上也说明了隋代丝织物大量生产的情况。

唐代的丝织业也有很高的成就，不少学者是从多样角度对其进行研究的，并且取得了可喜的成果。但是以长江流域为对象作区域考察，还未见到。唐代特别是唐太宗时期，经济文化极为繁荣。官营手工业有着整套的严密组织系统，作坊分工精细复杂、规模十分庞大。通常以徭役形式征调到官营手工业的工匠，被称为“短番工”，他们对唐代官营手工业有很大的贡献，而且这种形式对唐代纺织技术的提高有很大促进作用。在我国封建社会的长期历史中，唐代的确可以算得上经济发展中的高峰期，而且从纺织角度看也的确如此，唐代著名诗人杜甫就在《忆昔》中记录这种情况。当时江南有些地区甚至以“产业论蚕议”，也就是以养蚕的多少来衡量人们家产的丰富程度。正是在这种条件下，唐代的纺织业迅速发展并且取得了高度成就，此后中国纺织机械日趋完善，大大促进了纺织业的发展。

（七）两宋时期的纺织

宋朝初期不断实施了一些恢复和发展生产的政策，因此纺织业得到高度的发展，并且已经发展到全国各地，而且重心向江浙渐渐南移。当时的丝织品中尤以绮绫和花螺为最多。宋代出土的各种罗纺织的衣物有二百余件，其螺纹组织结构有四经绞、三经绞、两经绞的素罗，有斜纹、浮纹、起平纹、变化斜纹

等组成的各种花卉纹花罗，还有粗细纬相间的落花流水提花罗等等。绮绫的花纹则以芍药、牡丹、月季、芙蓉、菊花等为主体纹饰。此外还有第一次出土的松竹梅缎。印染品已经发展成为描金、泥金、贴金、印金，加敷彩相结合的多种印花技术。宋代的缂丝以朱克柔的“莲圹乳鸭图”最为精美，是中外闻名的传世珍品。宋代的棉织品得到迅速发展，已取代麻织品而成为大众衣料，松江棉布被誉为“衣被天下”，可见其影响的巨大。

（八）元代的纺织

元代对纺织业实行严格控制和残酷榨取，使纺织业发展十分艰难，封建经济和文化陷入了衰敝状态，对中国社会发展起了严重的阻滞作用，而且显示了一种历史的倒退现象。元代纺织业主要是官营手工业，就生产规模和生产过程的分工协作程度来说，比起南宋来，有所发展。纺织手工业有杭州织染局、绣局、罗局、建康织染局等等。元代纺织品以织金锦最负盛名。1970 年新疆盐湖出土的金织金锦，纬丝直径为 0.5 毫米，锦丝直径为 0.15 毫米，经纬密度为 48 根 / 厘米和 52 根 / 厘米，产品极其富丽堂皇。当时的丝织品以湖州所产最为优良，而且当时的品种有水锦、绮绣等，湖州的丝也由于树桑低干、叶嫩、养分丰富而闻名各地。

（九）明代的纺织

明代自建国起就重视棉、桑、麻的种植。到明代中后期，官吏甚至躬行化民。由于明政府的重视，使得桑、棉、麻的种植遍及全国，从而为纺织业的发展提供了源源不断的原材料。同时，明政府还设置了从中央到地方的染织管理机构。这样使明代纺织业形成了规模化、专业化的局面，促进了纺织业的迅猛发展，形成了许多著名的纺织中心，出现了新的纺织品种与工艺。当时丝纺织生产的著名地区为江南，主要集中在苏州、杭州、盛泽镇等地。苏杭、

南京都是官府织造业的中心，盛泽镇就是在丝织业发展的基础上新兴的。此外还有山西、四川、山东也都是丝织业比较发达的地区。明代丝织类型基本上承袭了以前各朝，主要有绫、罗、绸、缎等。四川蜀锦、山东柞绸都是本地区的名品。到了明代，棉花的种植遍及全国各地，而且在棉植业普及、棉织技术提高的前提下，棉织业成为全国各地重要的手工行业之一。随着明代棉纺织业的不断发展，到明代中后期，棉布成为人们衣着的普遍原料，这也是明代经济生活中一个大的变化。另外，葛、麻、毛织业在明代纺织业中仍占有一席之地。印染业经过数千年的实践，到了明代，也已积累了丰富的经验，为明代纺织业的发展创造了有利的条件。总之，明代纺织业较之前有了飞跃性的发展，并且有显著的特点，它给明代的社会、经济生活带来重大变化。

（十）清代的纺织

清初，统治者为恢复封建经济来稳定它对全国的统治，大力恢复纺织手工业。清代的棉花种植几乎遍布全国各地，蚕桑的生产也大量发展，他们都成为农民经济生活中重要的生产事业。乾隆以来至嘉庆年间，由于关内农民的贫困破产，流亡农民不断冲破统治者的禁令而移入东北。自从山东劳动人民创造了人工放养蚕的技术，人工放养就逐渐从山东推广到全国各地。总之，纺织业得到了飞速发展。当然，清代对纺织业的控制和掠夺，也严重阻滞了纺织业资本主义生产的发展。清朝统治者一开始就剥削江南纺织业，他们以政治权力强制机户为其劳动，设置江南织造就是为了控制民间纺织业的发展，官营织造业凭借它的封建特权，通过使用政治手段对民间纺织业加以各种限制和控制。如限制机张、控制机户，以及其他封建义务的履行，这些都对江南纺织业的发展发生了阻滞、摧残和破坏的作用。清初为控制民间丝织业的发展，曾在“抑兼并”的借口下，加以种种限制。规定“机户不得逾百张，张纳税五十金”。而事实上获得批准常常是要付出巨大的贿赂代价，这种严格的限制和苛重的税金，实际上起着阻碍、限制丝织业发展的作用。康熙时，曹寅任织造，机户联合起来行

使了大量的贿赂，请求曹寅转奏康熙，才免除了这种限制的“额税”，江南丝织业才得到进一步发展。

清代苏州织造局比明代时生产规模大大地发展了。清代官营手工业的生产规模确实很大，房舍动辄数百间，每一处设有各种类型的织机六百张，多时至八百张，近两千名的机匠，另外还有各种技艺高超的工匠二百多人，多时达七百多人，这些工匠中又有各种专门化的分工。清代的官营织造手工业无论在体制和规模上都比明代有所发展。清纺织品以江南三织造生产的贡品技艺最高，其中各种花纹图案的妆花纱、妆花罗、妆花锦、妆花缎等富有特色，还有富于民族传统特色的蜀锦、宋锦。

二、丝绸之路

中国曾被古代西方国家称为“丝国”，其原因在于西汉时期开通的通往西方的主要商道被称为“丝绸之路”，这说明高超的纺织工艺和精美的丝绸是西方认识古代中国的重要媒介，亦是中国文明悠久、国力昌盛的重要象征。

（一）“丝绸之路”的名称

在尼罗河流域、两河流域、印度河流域和黄河流域之北的草原上，存在着一条由许多不连贯的小规模贸易路线大体衔接而成的草原之路，这一点已经被沿路诸多的考古学发现所证实。这条路就是最早的丝绸之路的雏形。丝绸之路的名称是个形象而且贴切的名字。在古代世界，只有中国是最早开始养蚕、种桑、生产丝织品的国家。近年中国各地的考古发现表明，自商、周至战国时期，丝绸的生产技术已经发展到相当高的水平。中国的丝织品迄今仍是中国奉献给世界人民的最重要产品之一，它流传广远，涵盖了中国人民对世界文明的种种贡献。因此，多少年来，有不少研究者想给这条道路起另外一个名字，如“玉之路”“宝石之路”“佛教之路”“陶瓷之路”等等，但是，都只能反映丝绸之路的某个局部，而终究不能取代“丝绸之路”这个名字。丝绸之路一般可分为三段，而每一段又都可分为北中南三条线路。东段从长安到玉门关、阳关。中段从玉门关、阳关以西至葱岭。西段从葱岭往西经过中亚、西亚直到欧洲。三线均从长安或者洛阳出发，到武威、张掖汇合，再沿河西走廊至敦煌。广义丝路是古代中西方商路的统称，狭义丝路仅指汉唐时期的沙漠绿洲丝路。

（二）丝绸之路上最早的贸易时间

早期的丝绸之路上良种马及其他适合长距离运输的动物开始不断被人们所

使用，令大规模的贸易文化交流成为可能。双峰骆驼则在不久后也被运用在商贸旅行中。在商代帝王武丁配偶妏茔的考古中，人们发现了产自新疆的软玉。这说明至少在公元前 13 世纪，中国就已经开始和西域乃至更远的地区进行商贸往来。随着公元前 5 世纪左右河西走廊的开辟，带动了中国对西方的商贸交流。这种小规模的贸易交流说明在汉朝以前，东西方之间已有经过各种方式而持续长时间的贸易交流。

（三）丝绸之路的发展

公元前 2 世纪，中国的西汉王朝经过文景之治后，国力渐渐强盛。汉武帝刘彻为了打击匈奴，便派遣张骞前往之前被冒顿单于赶出故土的大月氏。于是，张骞带领一百多名随从从长安出发，日夜兼程西行。张骞一行在途中被匈奴俘虏，遭到长达十余年的软禁。他们逃脱后又继续西行，先后到达大宛国、大月氏等地。在大夏市场上，张骞就曾看到了大月氏生产的毛毡等物品，他由此推知从蜀地有路可通往大夏国。公元前 126 年，张骞几经周折返回长安，出发时的一百多人仅剩张骞和一名堂邑父。公元前 119 年，张骞又第二次出使西域，自从张骞第一次出使西域各国，向汉武帝报告关于西域的详细形势后，汉朝对控制西域的目的变得十分强烈。为了促进长安和西域的交流，汉武帝招募了大量的商人，去西域各国经商。这些商人大部分成为巨贾富商，从而吸引了更多的人从事丝绸之路上的贸易活动，这极大地推动了西域与中原之间的物质文化交流。同时汉朝也在收取关税方面取得了丰厚的利润。此时，出于对丝路上强盗横行和匈奴不断骚扰的状况考虑，设立了汉朝对西域的直接管辖机构——西域都护府。以汉朝在西域设立官员为标志，丝绸之路这条东西方交流之路开始进入繁荣的时代。然而，当中国进入东汉时代以后，由于内患的不断增加，自汉哀帝以后的政府放弃了对西域的控制，后期匈奴与车师的战争更令丝绸之路难以通行，并且当时的中国政府为防止西域的动乱波及本国，经常关闭玉门关，这些因素最终导致丝路的交通陷入半停半通状态。随

着中国进入繁荣的唐代，丝绸之路再度引起了中国统治者的重视。为了重新打通这条商路，中国政府借助击破突厥的时机，一举控制了西域各国，并设立安西四镇作为中国政府控制西域的行政机构，新修了玉门关，再度开放沿途各关隘。并打通了天山北路的丝路分线，打通至中亚。与汉朝时期的丝路不同，唐控制了丝路上的中亚和西域的一些地区，并建立了有效而稳定的统治秩序。从此丝绸之路进入了辉煌发展的时期。

（四）海上丝绸之路

宋代以后，随着中国南方的进一步开发和经济重心的南移，从泉州、广州、杭州等地出发的海上航路日益发达，越走越远，从南洋到阿拉伯海，甚至远达非洲东海岸。人们把这些海上贸易往来的各条航线，通称为“海上丝绸之路”。“海上丝绸之路”也就是中国与世界其他地区之间海上交通的路线。海上丝路在中世纪以后输出的瓷器很多，所以又名“瓷器之路”。中国的丝绸除通过横贯大陆的陆上交通线大量输往西亚和非洲、中亚、欧洲国家外，也通过海上交通线源源不断地销往世界各国。海上丝绸之路形成于汉武帝之时。从中国出发，向西航行的南海航线，是海上丝绸之路的主线。

（五）丝绸之路的意义

正如“丝绸之路”的名称，在这条逾七千公里的长路上，丝绸与同样原产中国的瓷器一样，成为当时东亚强盛文明的一个象征。丝绸不仅是丝路上重要的奢侈消费品，也是中国历朝政府的一种有效的政治工具。中国的友好使节出使西域乃至更远的国家时，往往将馈赠丝绸作为表示两国友好的有效手段。并且丝绸的西传也改变了西方各国对中国的印象，由于西传至君士坦丁堡的丝绸和瓷器价格奇高，令相当多的人认为中国乃至东亚是一个物产丰盈的富裕地区。丝绸之路的开辟，有力地促进了中西方的经济文化交流，对促成汉朝的兴盛产生了积极的作用。当中国人开始将他们的指南针和其他先进的科技运用于航海

时，海上丝绸之路迎来了它发展的绝佳机会。正是这条丝绸之路，使我国的纺织品和技术在很久以前就向世界显示了它的先进性，至今我们还因它而感到骄傲。这条丝绸之路，至今仍是中西交往的一条重要通道。在我国当今的对外经济交流中，仍然发挥着重大作用，我们应该很好地加以利用。

三、古代纺织机械的发展概况

中国古代纺织工具的性能和结构，是我们研究中国古代纺织技术史过程中必须探讨的问题。中国机器纺织起源于五千年前新石器时期的腰机和纺轮。西周时期具有传统性能的简单机械纺车、缫车、织机相继出现，汉代广泛使用提花机、斜织机，唐以后中国纺织机械日趋完善，大大促进了纺织业的发展。

（一）原始的纺织工具——纺缚

我国考古工作者于1958年，在渭河下游陕西省华县的一个女性墓葬中，出土了很多文物，这批文物中的一些鹿角和石片经过考古专家的鉴定，其用途是用于纺纱加拈，它们就是到目前为止所发现的世界上最早的纺纱工具。“纺缚”这一名字，也是世界上最早用文字记载下来的纺纱工具名称。纺缚，主要就是由缚杆和缚片两部分组成。当一个人用力转动缚盘时，缚自身的重力使得一堆乱麻似的纤维拉细牵伸，缚盘旋转时所产生的力，使拉细的纤维加拈而成麻花状。在纺缚不断旋转过程中，纤维加拈和牵伸的力也就不断沿着与缚盘垂直的方向，即缚杆的方向，向上传递，纤维不断被牵伸和加拈。当使缚盘产生转动的力被消耗完的时候，缚盘便停止转动，这时将加拈过的纱缠绕在缚杆上，然后再给缚盘施加外力旋转，使它继续“纺纱”。尽管这种纺纱的方法是很原始的，但纺缚的出现，确实给原始的社会生产带来了巨大的变革，它巧妙地利用重力牵伸和旋转力加拈的科学原理，一直沿袭到今天。它的出现并非偶然，它是我国纺纱技术发展史上一个重要的里程碑。

（二）纺车、脚踏纺车与踏板织机

古代通用的纺车按结构可分为脚踏纺车和手摇纺车两种。手摇纺车的图像

在出土的汉代文物中曾多次发现，说明手摇纺车早在汉代已经非常普及。脚踏纺车是在手摇纺车的基础上发展而来的，目前最早的图像是江苏省泗洪县出土的东汉画像石。手摇纺车驱动纺车的力来自于手，操作的时候，需要一手从事纺纱工作，一手摇动纺车。而脚踏纺车驱动纺车的力来自于脚，操作的时候，纺妇能够用双手进行纺纱操作，大大提高了劳动的效率。纺车自出现以来，一直都是最普遍的纺纱工具，即使是在近代，一些偏僻的地区仍然把它作为主要的纺纱工具。

踏板织机是带有脚踏提综开口装置的纺织机的通称。踏板织机最早出现的时间，目前为止尚缺乏可靠的史料证明。研究者根据史料所载战国时期诸侯间馈赠的布帛数量比春秋时高出百倍的现象，以及近年来各地出土的刻有踏板织机的汉画象石等实物史料，推测踏板织机的出现时间可追溯到战国时代。到秦汉时期，长江流域和黄河流域的广大地区已普遍使用。织机采用脚踏板提综开口是织机发展史上一项重大的发明，它将织工的双手从提综动作中解脱出来，以专门从事打纬和投梭，大大提高了生产率。以生产平纹织品为例，比原始织机提高了20—60倍，每人每小时可织布0.3—1米。可见，其在纺织史上的重要地位。

（三）汉代织机

汉代纺织品的花纹图案，是我国古代工艺装饰图案灿烂的一页。汉代纺织物如此精美，织纹极其复杂，织造这些织物的工艺技术和工具也必然是先进的。新石器时代遗址中发现的纺轮很多，汉代时纺轮仍沿用不废。汉代丝织物花纹奇丽，组织复杂，证明当时我国劳动人民已经掌握了高度先进的纺织技术。汉代的纺织工具，在山东嘉祥武梁祠、山东滕县龙阳店出土的很多，江苏沛县留成镇等地出土的纺织图中也有很多，可以看见的有纬车、络车、织机三种。纺织图中的织机构造比较简单，但可以看出当时的织机是由竖机向平机发展过程中的一种过渡样式，可

能是汉代民间一般所常用的普通小型织机。

织机经过不断的改造，到汉昭帝时，巨鹿陈宝光的妻子成功地创造了一部提花机。《西京杂记》说她“所用之机”用“蹑”很多，这种机器需要六十日才织成一匹，费工费时之多，实在惊人。这种丝织机的构造，属于特殊的绫锦织机，不便用于一般织物，至于普通绫机用蹑不会如此之多。此外，襄邑织工发明织花机，具体年限不详，至少在东汉初年，这种织物已经为公卿大臣所用。虽织物不如手工刺绣精美，但以机械织花代替手工刺绣，这是一项重大技术改造，也是一项复杂的技术问题。我国早在两千年前，已着手钻研了织造采锦这些新技术，并取得可喜的成就，说明当时的织物技术和工具确是非常先进的。世界公认欧洲开始有提花机的时间较中国晚，而且还很可能受到中国的影响。

（四）唐代的纺织工具及印染工具

唐代纺织工艺技巧已经达到成熟阶段，提花机有很大的改进和提高，构造已经渐趋复杂，而且在机前装置了“涩木”，织锦由于发明了纬线起花，使锦纹的图案和配色更加丰富多彩，由经线到纬线起花，是我国纺织技艺的重大进步。当时著名的丝织物有花纱、水纹绫、吴绫等不计其数的名称，而且还有很多种颜色。这样复杂的丝织物名色，可知当时的丝织业已发展到了十分兴盛的地步。当时织锦物上所见的花纹多是孔雀、雁衔绶带、仙鹤以及其他图案等。总之，唐代纺织品图案花纹布局匀称是唐人擅长的，朴质中显得妩媚。我们在唐代三彩女俑、仕女画以及敦煌壁画中的唐代建筑彩绘和人物服饰上，常常可以见到这类装饰图案。同时我们也可以看到外来的花纹也融合于中国本来的装饰图案中，纺织物图案因此更多样化。唐代锦样有珠圈内相对成双的祥瑞鸟兽，如鸳鸯等，是吸收外来波斯文化以怪兽头为主题的珠圈装饰影响的反映，但是就其全部纹饰布局和内容来看，仍然显示出我国民族传统的工艺装饰特点。不仅许多禽兽象征吉祥，一直为我国人民所喜爱，即就珠圈本身来说，在我国汉代瓦当和铜镜上，甚至商代的青铜器上也可以找到它的渊源。我国织锦在隋唐之际，

从织纹到图案都有了新的重大的变革和发展，说明这时纺织工具已经进入了一个先进的时期。在纺织工具快速进步的影响下，唐代印染业也飞速发展，单就官营染业来说，内部分工很为精细，能染出各种绚丽的色彩。尤其突出的是唐代发展汉代的印染加工技术。唐代的印染技术方面有许多创新，不但在染色方面有很大成就，而且发展了印花等方面的技术，为我国印染技术作出了可贵的贡献。

（五）宋代的水转大纺车

宋代纺织工具有很大进步，特别是水转纺车。古代纺车的锭子数目一般是二至三枚，最多为五枚，时至宋代有所发展。宋元之际，随着社会经济的发展，在各种传世纺车工具的基础上，逐渐产生了一种有几十个锭子的大纺车。大纺车与原有的纺车不同，其特点是：锭子数目达到几十枚，并且利用水力来驱动。这些特点使大纺车具备了近代纺织机械的雏形，适应专业化的大规模生产。以纺麻为例，通用纺车每天最多纺纱三斤，而大纺车一昼夜可纺一百多斤。纺纱时，需使用足够的麻才能满足其生产能力。水力大纺车是中国古代将自然力运用于纺织机械的一项重大发明，如单就以水力作为原动力的纺纱工具而论，中国比西方早了四个多世纪。可见，宋代水转大纺车的崇高地位。

（六）元代黄道婆与纺车的改进

棉纺织革新家黄道婆从崖州学到了先进的技术，包括纺纱、纺织的技术，后来她回到了自己的家乡乌尼泾。黄道婆重返乌泥泾时，元朝已经统一了全国。棉花种植已经大为普遍，但当时长江流域一带的纺织技术仍然很落后。黄道婆为了革新纺织技术，经过了长久、艰辛的努力。她首先使用崖州的辗轴来去除棉籽，但这样还是赶不上生产的需要，必须进一步进行革新。经过黄道婆和广大劳动人民的不断实践和改革，最

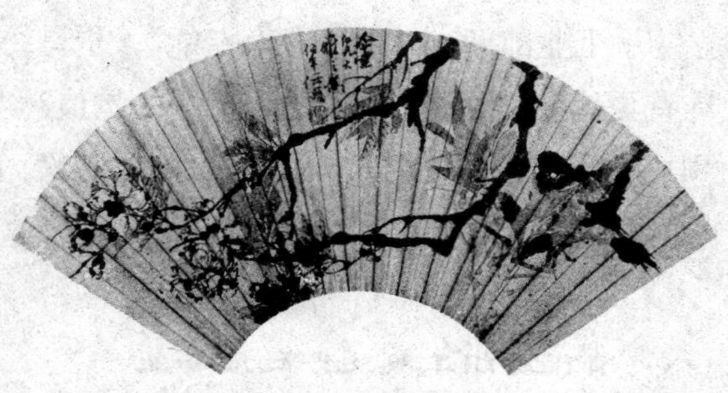

后出现了王祯《农书》中所记载的，名叫搅车的轧棉工具。解决了轧棉工具以后，在黄道婆、广大弹棉和纺织能手的努力下，出现了一种“绳弦大弓”，代替原来一种四尺多长的小竹弓，并用弹锥来敲击绳弦。由于敲击时振幅大，强劲有力，每日可弹棉六到八斤，弹出的棉花既洁净又松散。到元末明初，经过不断改进，最后出现了木制弹弓和用檀木制的锥子，线弦改用蜡线，弹棉的功效又进一步提高。黄道婆把自己从生产实践中得到的体会加以总结，着手改制纺车，把竹轮的直径改小，竹轮的偏心距和脚踏木棍的支点也都作了合理的调整。用这种三锭脚踏纺车纺棉纱，既省力，功效又有提高。因此很快在松江一带得到推广，甚至在六百年后的今天，在一些农家还可以看见它。黄道婆除了在棉花加工和纺纱技术上敢作敢为、大胆革新以外，在制造方面，也同样有杰出的建树。她把从兄弟民族那里学到的织造技术，加上自己的实践，融会贯通，总结了错纱等制造技术，并广传于人。由于乌江泾和松江一带人们迅速掌握了先进的织造技术，使得这一地区丝织业迅速发展起来，影响巨大。因此，黄道婆的贡献至今还让人们追念。

（七）明代纺织工具的改良

明代纺织生产高度发展，纺织品名色和产量增多，织造技术及纺织生产工具也不断提高和创新。苏州、杭州纺织业中已经广泛使用花机，一称大机，另外还有一种小机。

足踏纺车使用时手脚并用，脚踏动踏条，右手均捻棉褛，左手握棉筒。这种足踏纺车生产效率大大提高。明代纺车现在见到图形的，还有《天工开物》所载的一辆纺车，这种纺车形制简单，操作时，一手摇动曲柄，一手曳棉条而成一缕，非常容易掌握，到今天在广大农村中仍然普遍使用。纺织业中由于不断改进生产工具，使用了许多新的织造技术，出现了许多不同的品种，如罗、纱、绫绸等。这些名目繁多而不同品种的丝织品的出现，是由于使用不同技术和不同工具的结果。而这些不同品种丝织品的织造，都渐渐地发展成为各自独

立的手工业部门。"工匠各有专能"，于是纺织业中的社会分工逐步细致并日益具有更为狭窄的专门性质，这一点是值得肯定的。麻纺织业中盛行大纺车，"中原麻布之乡皆用之"，借以人力或者畜力推动，还有用"水转大纺车"的。因为使用了这些工具，生产技术迅速进步，生产水平大大提高。

（八）清代纺织工具生产已成专业

清代纺织业内部劳动分工进一步发展，纺织品中某一品种专门生产的地区已经逐步形成。这些社会分工，不能不影响到纺织生产工具的分化，因而生产这些纺织工具的手工业也就愈益分化成为单个独立的手工业部门。清代后期纺织生产工具已成为专业，并且在各个纺织业发达地区都拥有自己的工具生产作坊，并且因为产品具有独特规格而深受纺织业欢迎。纱车、锭子是主要的纺织工具，两者都有百年的历史，而且都是金泽地区的产品。江宁的织机制造业也十分发达，其中最精巧的织机"其经有万七千头者"，说明江宁织机十分复杂精巧，而且制作种类多，此外还有筘布机等等。在各个纺织业发达的城市或地区，为纺织业服务的出售纺织工具的店铺或纺织工具生产作坊也随之发展，如江宁等专门供应纺织业需要的手工业生产纺织工具的店铺和作坊。清代全国纺织业发展不平衡，各地纺织生产技术水平也不一。从资料来看，全国总的织造技术和生产工具虽较明代有所发展，但变化仍不太大。

这一时期的纺织工具有很多，如贵州缫治山蚕丝主要用的缫丝工具就有缫车、锅马、丝笼、风车等。此期的主要纺织工具还有纺车，如松江纺车、三缫纺车等等。

四、我国纺织业重心南移的原因

（一）南移的外在原因

我国古代的蚕桑丝织业起源于黄河中下游平原，其生产中心开始也在这一地区，后来转移到了江南地区，史学界就把中心产地的这个变迁称为“丝织业生产重心的南移”。对于丝织业重心南移原因的解释，主要是战乱破坏说，即认为宋辽金的长期征战和对峙直接导致了以京东、河北为中心的北方丝织业的衰落。同时还有灾荒频繁说、征绢繁重说以及气候变化说等等，这些说法都是有一定道理的。但这还不足以造成北方丝织业的一蹶不振，因为类似的情况在魏晋和北朝时大都出现过，到了唐朝这一地区的丝织业却又重新崛起了。

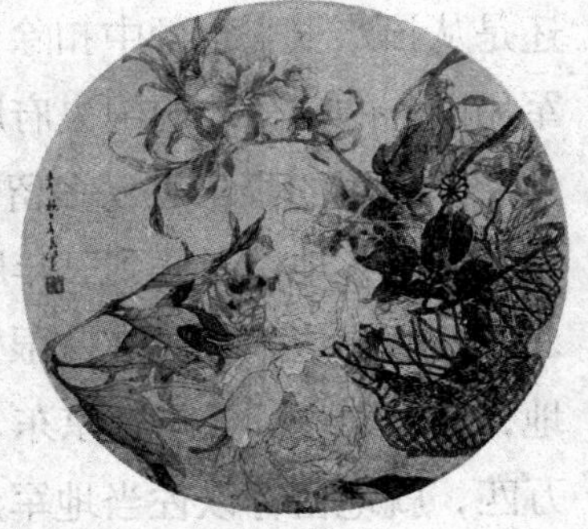

宋代丝织业生产中心仍在湘方，从《宋会要》和《通典》两部重要史书的记载来看，唐宋两朝官府征收绢帛的主要地区确实大不相同。《宋会要》的匹帛篇记载有乾德五年到乾道八年用于租税的绢帛的四组较完整的数字统计，其中两组数字的有关部分是年租税绢以两浙路绢帛为基数，两浙路接近或超过了京东、河北四路的总和。《通典》六记有唐代“诸郡每年常贡”绢帛的情况，河南道北部的三十余郡全都纳绢，而江浙一带只有余杭、吴郡、余姚和会稽等数处。记载还说，唐以前江南吴越人尚不知纺织为何事。唐朝时丝织业生产重心在北方，江浙一带刚刚起步。很多著作都以这两部书的记载为最主要的依据，断定宋代丝织业生产重心已经南移。但细致地研究起来，作出这样的判断必须有一个前提，即此处所记的各路贡绢税绢数额是其应征的全部数额。当然这个前提并不完全成立，两浙路所记载的是其应交的全部数额，而河北及京东路所记载的则仅仅是其所应交数额中的一部分。

宋代征收绢帛丝绵的首要目的是供军需。北宋时河北路北部与辽国交界，是防戍屯兵的重要军事要地，需要大量的军费开支。军衣直接用绢帛，粮草也

大多以绢帛交易，这些首先是用京东及河北地区的贡绢和税绢就近供应。河北守军“以土绢给军装”已经成为惯例，宋真宗就曾担心亏待军士，因此下令“给沿边戍兵冬衣，不得以轻纤物帛充支”，可知按惯例是以本地耐用的土绢供给的。

大中祥符年间，河北转运使李士衡屡次请求给朝廷多进奉绢帛，即河北沿边州军所需用于边防军士的绢帛首先从当地支付，至于当地军用绢帛与上交中央的绢帛在账目上如何处理，是在制定上交数额时即已将军用部分估算在外，还是从该路上交定额中扣除，不得而知。但是无论是何种方式，都是留足当地军用以外的部分才向中央府库上交。因军用绢帛数量多且作用大，中央曾允许河北路征收的绢帛可以多留本地，少交甚至不上交中央政府，例如至道四年，朝廷规定各地留足一到三年所用绢帛，其余全部送交汴京，同时明确规定“河北、陕西缘边诸州不在此限”。不仅税绢贡绢，有时连预卖的绢帛也留存在当地，如建中靖国元年在京东、河北、京西、两浙和淮南等地各买绢十五至二十万匹，就地留存以佐当地军用绢帛的不足。根据任将相近五十年的文彦博说，河北为北宋的军防重路，京东次之，尽管河北的绢帛生产较京东发达很多，但因京东留充军用的绢帛相对少一些，所以上交的税绢贡绢都比河北多。

总之，京东路及河北是在留足当地军用之外才上交中央政府的，有时甚至还要负责筹集“澶渊之盟”所规定的供给辽国的绢帛，这样《宋会要》所记载的数字只是其实际上交部分，自然就比其他地区少得多了。这与唐代的情况有很大的不同，唐代北方防戍的任务不如宋代重要，尤其是在唐中叶藩镇割据以前。那时各地的纳绢情况能比较客观地反映出各地丝织业生产的实际水平。两浙地区与京东、河北不一样，在北宋时期属于“内地”，没有防卫的需要，所应征收的税绢贡绢除留存下来充当地方行政费用外全部上交中央，这便是《宋会要》上所记载两浙绢数比京东、河北大的主要原因之一。

可见，仅以账面上的税绢贡绢数量来判断各地的丝织业生产水平，从而断定丝织业重心在宋代已经南移，是很不科学的。实际上只要注意一下，北宋时官府获取绢

帛的主要方式是预买绢帛法，也就是由河北转运使李士衡创行的，而夏税税粮折绢成为定制则是从京东开始推广开的，那么京东、河北的丝帛产量在宋代的突出地位就是不言而喻的了。

就质量而言，宋代最优质的丝织品也出产在京东和河北，而不是江浙或其他地区。著名的刻缂丝工艺品即产于定州，单州薄嫌产于京东。单州薄嫌长短合于官度，而重才百殊，看起来像迷雾一般。除刻丝之外，河北的其他优质帛绢也以轻薄闻名，同样品种的绢，其他地区每匹重十二两，而河北绢才十两，差距很大。与河北绢相比，江南绢不及河北绢质量好。此外，京东“关东绢”，也是当时著名的丝织工艺品。从东南沿海过来的“广南、福建、淮浙商旅，率海船贩到番药诸杂税物，乃至京东、河东、河北等路，商客船贩运见钱丝绵绞绢，往往交易买卖，极为繁盛”，这是南方商旅舍近求远而易买河北、京东及河东的优质绢的原因。同时从买纱绢来看，是河东尚不及京东。女真人和契丹人也以河北绢为最上等，女真人受纳宋朝绢帛，只要河北绢而拒收江浙绢。如靖康元年“金需绢一千万匹，朝廷如数应付，皆内藏元丰、大观库，河北岁积贡赋为之扫地。如浙绢悉以轻疏退回”。

“河北东路民富蚕桑，契丹谓之绞绢州”，看来，宋代河北、京东绢帛不仅产量高，而且质量在全国也是首屈一指的。当然，这种说法并不是否认战乱等因素给北方丝织业带来的衰落，而是说要把问题考虑得全面一些、具体一些，不能夸大其衰落的程度。辽兵南下时为便于战马奔驰，对“沿途居民园囿桑拓，必夷伐焚荡”，确实给河北的桑蚕业造成严重的破坏。但战争在一定条件下也能促进桑树的种植，这是因为防御敌骑的缘故，北宋王朝也有不少人主张在河北及京东北部扩种桑树，如熙宁时“言者谓河北沿边可植桑榆杂木以限敌骑，且给邦之材用。朝廷如其言”，在两百里范围内栽种了大量桑树。宋朝为防御敌骑在桑树少的地方尚且扩种，对原有的桑树自然更注重保护。这就在一定程度上抵消了辽国骐骥南下对河北一带桑树带来的破坏。南宋时京东、河北一带完全被金人占据，宋金战火就不再波及此地。女真人都喜欢使用绢帛，也很重视保

护桑蚕丝织业，征战时砍伐林木就明令保护桑树。除了贪婪地向宋朝索要帛绢外，还规定“凡桑枣，民户以多植为勤”。

种桑的地亩与均田制时期接近宋代，不曾具体规定。这对善于植桑养蚕的当地汉民户来说问题不大，但对游猎生存的女真及契丹人来说就比较难办，因此又多次重申有关令制，还专门下令禁止毁坏桑树。大定以后北方丝织业很兴盛，在京东、河北等地设有专门的“桑税”，还以绢帛为钱币，并常常有绢帛向南运输，如南宋商人常来金境用茶叶换取绢帛，此外还建议改用食盐易茶，表明北方的丝织业生产水平仍然比南方高。在《金史》本纪中常有京东、河北一带桑蚕丰收、野蚕成茧的记载，以及时人“春风北卷燕赵，无处不桑麻”的描写，都反映出在金人统治时期，北方的桑蚕丝织业并没有想象中那样大幅度的长期衰落。

从总的情况来判断，虽然两宋时期北方地区的桑蚕丝织业有一定程度的衰落，江浙地区的桑蚕丝织业较唐代有了较大的发展，形成了丝织业生产的又一个中心，但无论从产绢质量和数量以及产地范围诸方面来看，北方传统产区的河北、京东四路仍然占有明显的优势，全国丝织业生产的中心仍然在这个地区。在两宋三百年间丝织业的生产重心尚未转移。宋明间北方“棉盛丝衰”的直观考察中，有关论著对丝织业重心南移原因的不准确解释，主要是由于局限于宋代一朝而引起的。两宋时期丝织业重心尚未转移，因此，考察北方桑蚕丝织业的衰落，特别是衰落之后未能恢复到以前水平的原因，从而揭示重心南移的根本原因，就需要把时间的跨度拉长，应该与元明两朝相联系。把宋元明时期联系起来考察，我们就会发现，这个时期江南地区和北方桑蚕丝织业此消彼长的结果，不仅仅是丝织业生产重心的变迁，同时还发生了纺织原材料即衣料用品的重大变革，也就是棉布渐渐取代了绢帛和麻布。这个变革，与人类由裸体到披兽皮树叶，由披兽皮树叶到生产麻布丝绢，以及近代化纤纺织品的使用有着同样重要的历史意义。

关于我国古代棉花种植技术的传播过程和时间至今尚无定论。最新的研究成果表明，“棉花的种植和织造技术，在南宋时期已逾岭娇而向东北一代，即江南西路、两浙路、江

南东路逐步推广和发展”，呈现出由外地向内地发展的趋势。在宋代以前，棉花传入中国已经有一千多年的历史了，但一直是在边陲地区种植，扩展速度缓慢的原因主要是内地传统的桑蚕丝织业及麻织业的存在。一直到元朝，棉花仍在长江以南地区种植，也就是上述由岭娇传入的“南道棉”，元政府所设立的课征棉花棉布的机构“木棉提举司”只在江南、浙东、湖广和福建等地，北方则没有，夏税征收一定数量的棉布和棉花，也只是局限在江南，北方地区一直是征收丝帛的。但根据一些零散资料来推测，元朝时期山东地区已经有棉花生产，估计是“南道棉”向北漫及的结果，例如明初洪武五年朱元璋“发山东棉布万匹”易马送辽东充军用，九年又在登州一带征集“棉布二十万匹，棉花一十万斤”送辽东，则证明元朝后期山东地区确实已经有一定规模的棉花生产。但在属于中书省直辖的相当于宋代河北路地区，则没有发现关于这方面的材料，虽然元代大都街市上已有棉布出售，却都是由“商贩于北”，也就是从江南或关陕传来的，并不是本地所产。这时“南道棉”已漫及河南、山东却尚未北上，由新疆内传的“北道棉”此时仅到了陕西一带，还没有越过黄河、太行山而向东发展，河北地区成了北道棉和南道棉“会师”前的空当。

据研究者考证，北宋时期河北、京东的五十七个府州军中，只有开德府这一个地方没有产绢记载。两浙路十四个府外，不纳绢的共有六处，这是北方仍占明显优势的证明。南部的宁晋附近的桑林能埋伏下骑兵万余，河北地区的民户仍然在大面积种植桑树，中部的河间仍是“男勤稼穑，女务桑蚕”，肃宁地区“田畴开辟，桑麻菊蔚”。传统的桑蚕丝织业及麻织业仍在原有基础上存在和发展着，但棉花向这一带逼近的情况已经十分明显。从明朝初年开始，这种态势已经成为事实。如果说洪武元年令“农民田五亩至十亩者，栽桑麻、木棉各半亩，十亩以上者倍之”，只是针对江南地区的措施，那么，到洪武二十七年“广谕民间，如有隙地，种植桑枣，益以木棉，并授以种法而益蠲其税”，已经无疑是对全国普遍而言了。这时棉花种植已经是“遍布于天下，地无南北皆宜之，

人无贫富皆赖之”了。在北方税收中正式加上了课征棉布、棉花折布、地亩棉花绒等科目，所沿用的元代“木棉提举司”也已经在全国十三个布政司和南北直隶全部设置。

明代棉花有浙花、江花和北花三大类，其中北花出自北直隶、山东，北直隶就相当于宋代的河北路，山东相当于宋代的京东路，因此以北直隶和山东为中心，在原来的桑蚕丝织业中心产区形成了三大植棉产区之一的北方植棉区。

先看北直隶。时人称“今则燕鲁、燕洛之间尽种”棉花，也就是与河南、山东接壤的直隶中南部已经普遍推广种植棉花。其中河间一带产棉最多，所辖宁津县农民多以植棉为业，所辖沧州“东南多沃壤，木棉称盛，负贩者络绎于市”。根据明代北直隶各府县地方志看，所记物产类都有“棉布”和“宜木棉”字样，几乎所有府县都贡棉布或棉花，如河间府税棉额，大明府和广平府的税收也有棉花，保定郡洪武时税收也是棉花等等。这是几个较大的征棉花府郡。还有一些，如雄县、易州、霸州、赵州等，每年都征收棉花不等。但在较少的府县中，有的是县级区划，所管辖面积小，有的则只是该府州所直属中心地区征收的，而不是所辖各县的总额。大致说来，明代北直隶各府州每年秋粮折收棉花数量为四百至一万五千斤左右，这是个相当大的数字。各府县征棉数量的确定，都是按照地亩来计算的，即若干亩农田折棉田一亩，每亩棉田征棉花四两，然后算出一地总数。这种征算方法反映出各地种植棉花面积很广和连续种植棉花的事实。有些产棉区同时也是棉布产地，如河间府肃宁县棉织业最发达，“北方之布，肃宁为盛”。徐光启说：“肃宁一邑所出布匹，足当吾松（按指松江府）十分之一矣。”河间所产粗布、斜纹布、平机布等棉纺织品数量很多，也很有名气，并且有了高超的棉纺织技术。鉴于冬天，北方风高日寒，棉花纺织绵断续不成缕的情况，肃宁人发明了一种在地窖中纺纱的技术，“就湿气纺之，便得紧实，与南土不异”，提高了棉纱的质量。乐亭一带“耕稼纺织，比屋皆然”，纺棉纱、织棉布成了农村妇女的日常劳动，所产棉花棉布除自家消费以外还常作为商品来出售。

山东在明代也是全国产棉最多而且质量最高的省份之一。根据嘉靖《山东通志物产志》记载，棉

花在山东“六府皆有之，东昌尤多”，东昌、兖州和济南三府是产棉的中心区，全省征棉总数的百分之九十以上都出自这三府中。各县产棉也很普遍，临邑县“木棉之产，独甲他所”，该县富豪邢氏一家就有“木棉数千亩”，嘉靖四十年临邑一带棉花大丰收，他家的棉花“数以千万计”。根据明代山东方志记载，这类“地宜木棉”的州县最少有二十九个，也就是几乎所有的州县都出产棉花。与北直隶一样，山东征秋粮时都有棉花这一科目，各县征收棉数量二百到九百斤不等，一般府州征收三千斤左右。这些征棉数量也是按地亩折合计征的。由于棉花种植的普遍化，在灾荒年粮食歉收时，民户以棉花棉布换粮糊口，还经常用棉布来代替纳税粮。山东各地还是军用棉布的主要供给地，例如成化年间“辽东军士冬衣花布出自山东”，山东棉布送达京师后“散作边关御士寒”等等。这些军用棉布与民间常用棉布的种类有阔布、平机布、小布等，质量比较差，人人都可以纺织，总之，这是大众化的普通棉布。还有高级的或专门作为商品的棉织品，如著名的“定陶布”就出产于兖州府定陶县，该县“所产棉布最佳，它邑皆转寮之”。山东所产的棉花以及棉布均为上等，很多江南商贩常来山东贩运，东昌府唐县的棉花被“江淮贾客贸易”；兖州府郸城县的棉花棉布为“贾人转寮江南”；而去高唐、夏津、范县和恩县地区所产优质棉花也被专称为“北花”，常有“江淮贾客到肆贵收”，贩至江南。小说《金瓶梅》第八十二回也说某年山东大旱，“棉花不收，棉布价一时踊贵”，反映出山东各地棉花市场的很多历史事实，棉布棉花已经是当地集市上的大宗商品之一。山东与北直隶相比较产棉量不相上下。前述各府县在征收棉花数量上北直隶较多，而万历元年各省征棉总额中山东为首，北直隶次之，又以山东棉质量为上等。在北方植棉区的其他省份中只有河南省可与这两者相匹敌，而山西、陕西尽管植棉较早，却明显地落后于北直隶和山东。

明朝全国三大植棉区中最大的是北方植棉区，但北方只是产棉多，棉纺织业却赶不上江南地区发达，“北土广树艺而昧于织，南土精织纤而寡于艺，故棉则方舟而鬻于南，布则方舟而蔫北”，南方的棉花纺织加工与北方的棉花生产有机地结合起来，就形成了明确的地域性分工。这是棉花在南北各地、特别是

在北方大面积推广普及的反映。

值得注意的一点是，明代北方与棉花种植普遍推广同时出现的，是这一地区传统的桑蚕丝织业的明显衰落。宋朝时这一地区普遍养蚕植桑，各府州都贡纳绢帛，如前所述，明朝则在北方秋税征棉花、夏税征丝帛，而在江南地区无论夏秋都只征丝帛而不及棉花，与宋代的情形有很大的不同，也与元代只在南方各省设“木棉提举司”的情况完全不同。在明代地方志中大都记有该地区历代的贡赋物品种类，从中我们也可以清楚地看到宋明间北方出现了“棉盛丝衰”的演变过程。以《嘉靖河间府志》所记载为例，宋代河间茧丝织红之所出贡丝；莫州、文安郡贡绵；沧州、景城郡贡大绢；壕州、高阳关贡绢；清州、乾宁军贡绢；景州、永宁军贡绢；明代贡毅麻、火麻。河间一带在宋时是丝织业的重要产区之一，所贡全是丝织品，到明代则棉、丝、麻三者同时贡奉，且以棉花棉布粗布、斜纹布、平机布和无缝棉为主要品种。这一地区原来是著名的桑蚕之乡，到了明代普遍出现了桑蚕业衰退和棉织业兴起的现象，比如大名一带，本来土宜桑丝，到明朝却“树桑者什一而已，故织红不广，男女衣服多棉布，多麻帛”。北直隶的南宫县，明初成化时“亡不树桑饲蚕之家，阎阎之衣帛者皆自所缥织也”，到明代中叶嘉靖以后，是“木棉、梨枣之饶，作客转贩，岁入不赀”了。一些督促植桑的法令也反映出桑蚕丝织业衰落的信息，在传统的丝织业生产中心的真定一带曾督令百姓种桑，“初年二百株，次年四百株、三年六百株”，达不到标准者全家都会被发配到云南充军。顺德（今邢台府）知府徐衎祚到任之初即劝谕农民栽种桑树，所讲内容全是重复元朝王祯《农书》中的有关内容，反映出此时此地百姓已不像以前那样热衷于植桑养蚕，并且对桑蚕技术已经不熟悉了。还有临城知县张清规定每人必须种桑十株，成化年间三河县知县吴贤“教民栽桑”，督促绢织等等，都透露着同样的情况。明朝政府在各种丝织品产区设立的征收名牌绢帛的“织染局”几乎全部位于南方，北方仅有山西一处收购“潞细”而已，唐宋时期北方传统的丝织品此时已经排不上了。这主要不是北方丝织品的质量下降，而是已经很少继续出产或者不出了，不值得专门设局征收了。

（二）丝织业重心南移的内在原因分析

关于棉花种植技术的推广以及其对北方桑蚕丝织业的影响，有的学者附带着提到过，但是没有具体解释。要解释清楚棉花为什么能够在北方而不是在江南地区取代桑蚕丝织业，从而进一步揭示丝织业重心南移的原因，我们上面的解释仍然是不够的，还需要通过具体分析棉花种植织造技术相对于桑蚕丝织技术及麻织技术的特点，通过具体分析棉花和桑蚕各自与不同的地理条件相结合而形成的优越性来解释。

第一，从种植过程来看。桑树是多年生乔木，一经栽种可采摘数十年，棉花则是当年春种秋获，就只有几亩或几十亩土地的小农户来说，在以年为单位来筹划全家衣食住行所需而对土地进行合理安排时，桑树就显得不如棉花有灵活性。特别是从前述金朝规定的每户种桑数量及均田制时期的桑田数量来看，一般民户需要有二十亩桑田才能够用。按洪武植棉令规定的亩数可以知道每户种棉一亩左右即可，对缺少土地的农民来说，种棉无疑较植桑更适合他们经营与收获。桑蚕则兼有植物种植和动物饲养两种方式，而棉花是植物，与一般农作物的种植技术十分相近。桑树属果树类，比庄稼和一般树木容易出现病害等情况，特别是常见的“金桑”病一旦发生，不仅桑叶为蚕所不食用，连桑树也会枯死。养蚕的技术要求也很严格，成蛹后需日夜守候，最怕湿热与冷风，稍有不慎就会使整箔整箔的蚕蛹坏死。并且浴蚕和采摘桑叶集中在同一时间，“浴蚕才罢喂蚕忙，朝暮蓬头去采桑”，忙且不说，无论哪一方面工作出现差错，都会立刻波及另一方。相比之下，棉花的种植技术则简单许多，谷雨前后播种，立秋之后收获，其间施肥、锄草、修整，与其他农作物相同，其管理过程风险也比植桑养蚕小很多，生产技术也十分容易掌握。更有利的是，棉花种植较早、收摘较迟，正好与其他农作物种植错开，“不夺于农时”。而养育晚蚕又值秋种，早蚕时恰值夏收，都是农忙季节。绢帛多为上层豪富所使用，普通民户常衣着麻布。用作衣料的麻类主要是亚麻布，亚麻同时又可以用来榨油，而榨过油的亚麻又不

能再用来剥麻织布。再就是芝麻、兰麻难种难管理，尤其是对地力的耗损极大，据说与棉花相比，其耗损土地肥力的程度要高出十六倍左右。兰麻虽然是一年生作物，但一季种植则要数年之后才能恢复地力，并且不适宜再种粮食作物。而棉花种植前后休耕一季或半年就可继续种植其他任何农作物。棉花还可以棉与油二者兼得，其相对于麻类的优势也是十分明显的。

第二，从织造加工过程看。籽棉和蚕茧需要经过两三道工序才能够上机织造。茧子首先要缫丝，所成生丝经过碱洗（练丝去蚕胶后才成为可供织帛的熟丝），并且要在成茧后七天内缫洗完毕，很费工费时，其技术自先秦以来改进十分缓慢。棉花要经过轧花去棉籽、弹花使皮棉松软和纺纱线工序，最费工时的是去棉籽，当初靠碾棍挤压和手工剖剥时效率很低，元朝发明了木棉搅车，“比用碾轴工利数倍……去棉得籽，不致积滞”，这个问题就解决了。纺棉线技术比较简单，用林秸秆“卷为筒，就在纺之，自然抽绪”成线，并且可以分散开来，趁夜晚或农闲来做，不像缫丝那样必须在七天内连续操作完成。麻成熟后，将麻秆割下浸在池塘中沤泡，使麻皮从杆匕脱落剥下后，再次沤泡或煮沸使之脱胶，待皮下纤维与表皮分离后，再用手工将一两尺长的麻纤维粘接起来，称为“绩麻”。沤麻脱胶必须在“夏至后二十日”内完成，不像棉花那样可在任意时间内弹轧纺线。并且，绩麻相较纺棉线费工费时，一个妇女每天可纺棉线半斤到一斤，而绩麻的速度直到明朝时仍然是“日以钱计”，效率十分低下。虽然棉花与丝、麻的加工工序差不多，但从劳动强度和劳动量等方面来看，棉花的加工较丝麻均胜一筹，正如王祯所说，棉花与桑蚕及麻布相比“免绩缉之工，无采养之劳”，“可谓不麻而布，不茧而絮”，占有综合优势。

第三，是最主要的，从实际用途来看。棉布较绢帛粗糙，较麻布细致，却兼有麻布和绢帛的功用，在春夏秋三季可以与麻布、绢帛一样缝制单衣或夹衣。

并且在冬季可用棉花“得御寒之益”，尤其“北方多寒，或茧纩不足，而裘褐之费，此最省便”，这种麻布和绢帛所不具备的御寒功用比遮体更为重要。在此之前的御寒衣服被褥，上层家庭多用野蚕茧絮及皮毛制的霖服裘衣、丝纩棉絮，平民百姓多用数层麻布加厚缝制的褐衣，或在麻布夹层中实以芦花、草絮之类。

用棉花御寒，虽然较茧絮厚重，成本却低廉得多，芦花、草絮更是不可同日而语。到明代用作御寒的已经全部是棉花了，即使富豪人家衣着、被褥用绸缎，冬天也不再用丝犷茧絮而用棉花。在人人必用的御寒衣被范围内，棉花很快就把茧絮完全排挤出去了。随着棉布使用的推广，富豪人家的绢帛也部分地被棉布取代，一般平民的麻布同样渐渐地被棉布全部取代了。亚麻成了专供榨油的作物，麻类退出了衣用领域，兰麻所产纤维主要用于制作粗糙的麻袋及麻绳之类，也可用于造纸。绢帛一直没有退出衣用领域，而是与棉布并驾齐驱，以其轻柔细软、色泽鲜亮等棉布无法比拟的优点继续受到人们的青睐。然而，丝绢越来越单纯地充作上层豪富权贵的衣料用品，并逐渐向工艺品方面转化，实际上已经退出了大众化的衣料市场。在用量最大的衣料产品市场中，自从把麻布排挤出去之后，棉布实际上就作为普通大众的实用物品独占下来。

总之，从种植、加工和用途诸多方面来看，棉布棉花因其特殊的优越性在北方主要衣料用品领域中取代绢帛麻布是必然的。换句话说，一旦棉花种植技术推广到这一地区，就会导致桑蚕丝织业的衰败。但这个结论只适用于北方而不能向外延伸，因为我们同时也看到了一个正好与之相悖逆的历史事实，在江浙等地区，棉花的种植和棉纺织技术的推广比北方要早，并且是在桑蚕丝织业尚未长足发展的时候就已经推广开来，但却未能像在北方一样取代桑蚕丝织业，而是与之同步发展起来，使江浙一带成了棉织业和丝织业生产的重要地区。

看来，棉花棉布究竟能否取代桑蚕丝织业，以及能取代到何种程度，除了在种植、加工和用途诸方面的相对优势外，还受着自然条件的制约，存在着一个由不同的自然地理环境所决定的不同效益的问题。棉花易于种植，正所谓“地无南北皆宜之”，江浙棉花由闽广北传而至，北方棉花由新疆东渐而来，广袤的农桑地区都适宜种植棉花。但桑树种植区域相对较窄，较桑蚕生产区域还要小些。棉花之所以在北方取代桑蚕业而在江浙则不然，从效益上来讲，关键就在于棉花在南北各地都是一熟，产量十分接近，丝帛桑蚕在南北的收获量则因年育蚕次数不同而差别很大，呈现出明显不同的经济效益。

桑树主要有鲁桑和荆桑两大品种，江浙和北方都以种植较矮的鲁桑为主或用荆桑条枝嫁接，使树干能高些。但同一品种的桑树因土壤条件和南北气候的差异，收获量大不相同。在江浙地区，鲁桑每年可春秋两季连续采摘，经夏而不衰，实际从二三月到八九月都有桑叶可采，并且较北方所生桑叶叶肉厚而富有养分、叶片又大，因此江浙可养多化蚕，甚至达到“一年而八育”，在北方一直饲养先秦以来的“三眠蚕”的同时，江浙地区已经普遍饲养“四眠蚕”，蚕体增大，产丝量提高，丝织品的质量也较北方的好了。北方的京东是鲁桑的故乡，但受自然条件的限制，鲁桑在北方只能春天采摘一季，如果秋天采二季，则对桑树的生长和来年桑叶的收成有很大的影响。北宋雍熙时孔维上书“请禁原蚕”，即禁养二化晚蚕。同时的另一大臣乐史反对禁原蚕。显然，孔维主张禁养二化晚蚕是从生产技术的角度而言，乐史的反对则是从农民生活及社会安定的角度着想，出发点是不同的，但乐史也承认了养二化秋蚕是薄利的。北方地区的桑叶只能春天采摘一季，蚕也相应地只能一年一育，并且一直以养“三眠蚕”为主，比起江浙地区一年多育乃至八育的“四眠蚕”的丝帛质量和产量自然就差多了。

既然棉花在江浙与北方地区产量和生长情况大致相同，而丝帛产量在江浙大于北方，比较效益的差距从丝帛产量上拉开了。就北方而言，必然扬长避短，逐步用棉布棉花取代桑蚕丝帛；就江浙而言，棉花和丝帛的收益与其他地区相比都是很好的，不可能舍弃任何一种，必然是两者同时并存，因此便形成了这样一种发展趋势：棉花棉布在南北同时普及，桑蚕丝织业南长北衰。结果便是丝织业生产重心由北方转移到江南。如果按照正常的历史进程来说，这个趋势成为事实应该随着棉花的逐步推广而实现，特别在北方地区，棉花要取代有着近两千年历史的传统的桑蚕丝帛，会受到观念的、自然的、习惯的乃至行政力量的阻挡，不可能进行得十分迅速。

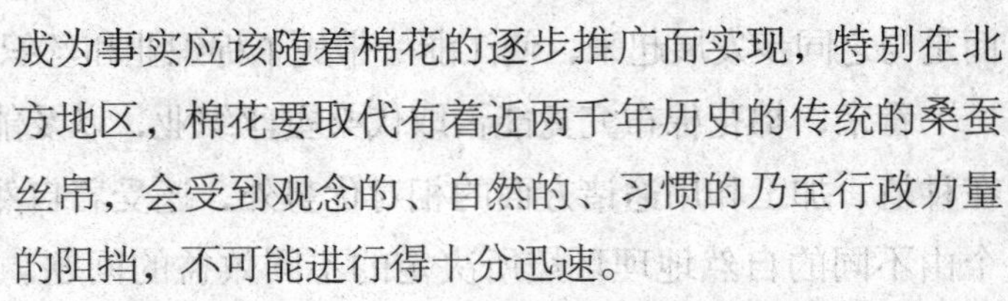

然而，正是在棉花刚刚开始向北方推广的时候，这一地区由于经历了宋、辽、金、元间数百年来断断续续的战乱，桑蚕丝织业虽然不像人们想象的那样迅速衰落，毕竟也有一定程度的衰落，而桑蚕丝织业又并非是短时间内所能恢复的，这就给棉花在这一带的

迅速推广提供了一个乘虚而入的良机。于是，在桑蚕丝织业没来得及从战乱衰落中恢复崛起之时，棉花便在这一地区普及开来，桑蚕丝织业就继续衰落下去。从全国桑蚕丝织业的产区变化上来看，重心也就从北方转移到了江南地区。可想而知，如果北方的桑蚕丝织业不因战乱等原因而衰落，棉花一旦推广开来也是要把丝织业排挤下去的，宋代的河南地区棉织业和丝织业在元明时期的兴衰就证明了这一点。如果没有棉花在北方的推广普及，桑蚕丝织业也将因战乱等原因而暂时衰落，战乱过后也会重新恢复起来，历经魏晋和北朝兵资之灾的河北地区丝织业在唐代的发展状况便是明证。

简而言之，纺织技术和棉花种植在北方的推广，才是丝织业生产重心南移的根本原因，开头所提到的战乱等因素所造成的北方丝织业的衰落，只是给棉花的推广提供了便利条件，客观上加速了丝织业重心南移的进程。

五、古代纺织的地位

古今纺织设备和工艺流程的发展都是因为应用纺织原料而设计的，因此，原料在纺织技术中占有十分重要的地位。古代世界各国用于纺织的纤维均是天然纤维，一般是麻、毛、棉三种短纤维，例如印度半岛地区以前则用棉花；地中海地区以前用于纺织的纤维仅是亚麻和羊毛；古代中国除了使用这三种纤维外，还大量使用长纤维——蚕丝。蚕丝在所有天然纤维中是最长、最优良、最纤细的纺织原料，可以织出各种复杂的花纹提花织物。丝纤维的广泛利用，极大地促进了中国古代纺织机械和纺织工艺的进步，从而形成了以丝织生产技术为主的最具特色和代表性的纺织技术。

中国的纺织，历史悠久，闻名于世。远在六七千年前，人们就懂得用麻、葛纤维为原料进行纺织，公元前16世纪（殷商时期），产生了织花工艺和“辫子股绣”，公元前2世纪（西汉）以后，随着提花机的发明，纺、绣技术迅速提高，不但能织出薄如蝉翼的罗纱，还能织出构图千变万化的锦缎，使中国在世界上享有“东方丝国”之称，对世界文明产生过相当深远的影响，是世界珍贵的科学文化遗产的重要组成部分。同时，我国古代纺织有着与西方国家不同的技术，总结这些经验，继承和发扬这种创造精神，对我国纺织工业现代化将有着积极的作用。

古代手工业

作为四大文明古国之一，中国曾经长期处于男耕女织的封建社会，手工业的历史源远流长，早在原始社会晚期便从农业中分离出来，形成了独立的生产部门。

我国古代手工业十分发达，在冶铸、陶瓷、纺织、造船、造纸、车辆、建筑、煮盐、漆器、兵器、酿酒等诸多部门都取得了辉煌的成就，尤其是丝织业和制瓷业，在世界上享有盛誉。

一、古代手工业概况

（一）古代手工业的发展历程

手工业是指依靠手工劳动，使用简单工具的小规模工业生产。手工业是我国古代除农业之外的重要的物质生产部门，它的发展状况是古代经济发展的重要标尺之一。我国古代手工业具有源远流长的历史，早在原始社会晚期即已从农业中分离出来，形成独立的生产部门。我们的祖先用灵巧的双手、精湛的技艺创造出众多的工艺精品。虽然史书上没有记载这些工匠的姓名，但他们的发明创造与世永存，造福着中国和世界人民。

早在殷商时期，青铜器制造就极为有名，此外人们还能制造陶器、骨器、玉器、车辆等。丝织物已成为贵族们主要的衣着用料，丝织品花色、品种繁多。

到了周朝，由于社会经济的发展和公私需要的浩繁，周王室和诸侯公室拥有各种手工业作坊，有众多的具有专门技艺的工匠，号称“百工”。这些作坊和工匠都由官府管理，称为“工商食官”。主要手工业有青铜铸造、陶瓷品、玉器、车辆等，制造相当精美。

战国时代的手工业，有作为副业的家庭手工业，也有独立经营的个体手工业；有“豪民”经营的大手工业，也有各国封建政府经营的官营手工业。手工业技术有了长足进步，丝织业能生产罗、纱、锦、绣、绢帛等新产品。发明了制作玻璃的技术，漆器工艺也很高超。

西汉时期，农业迅速发展，铁器的广泛使用，促进了手工业的进一步发展。汉代的冶铁业，作坊多、规模大，冶铁技术相当高，应用广泛，有长剑、长矛、环首大刀，也有灯、釜、炉、剪等日常用具。丝织业比较发达，纺织技术有很大提高。官营手工业作坊常有丝工数千人，生产比较贵重的锦、绣、纱等。纺织工具有纺车、织布机、提花机等。漆器业也有很大发展。

三国两晋南北朝时，手工业技术继续发展，织锦业、造船业、瓷器业、造纸业发展较快。隋代的瓷器业中的白釉瓷，胎质坚硬，色泽晶莹，造型生动美观。造船业能制造五层楼的战船，隋炀帝游江都时所乘的船，种类很多，有龙舟、翔螭、浮景等，制作技术相当高。造桥技术也有显著提高，如赵州桥。

唐朝的手工业在中国历史上相当著名，纺织、冶铸、烧瓷等几个手工业部门都发展很快。纺织业中，北方善织绢，江南盛产布。丝织物品种和花色都很多，争妍斗奇，十分精美。棉纺织的发展很快，冶铸业也有很大的进步。瓷器生产在唐代也有重大发展。北方的手工业生产有很大进步，各种手工业作坊的规模和内部分工的细密，都超越前代。生产技术发展显著，产品的种类和数量大为增加。矿业开采、冶炼规模扩大，产量增加，技术也有很大进步。瓷器不论是产量还是制作技术，都比前代有很大提高。

汝窑、官窑、哥窑、钧窑、定窑为北宋五大名窑。在瓷上雕画花纹是北宋时的新创。瓷器还大量远销国外。雕版印刷业、造纸业、造船业、纺织业技术提高很快。南宋棉纺织业进一步发展，制瓷业规模宏大，造纸业、印刷、制茶以及火器制造等，也都相当发达。元代纺织业有很大发展，棉纺织业大放异彩。制瓷业中，景德镇逐渐成为全国最大的制瓷中心，以生产高质量的青白瓷为主。矿冶业也有发展，印刷业相当普及。

明中叶后，手工业发展很快。全国产铁地区共有一百余处，制瓷业、纺织业发展很快。清代手工业到康熙中期以后，逐渐得到恢复和发展，丝织业占有重要地位。当时江宁、苏州、杭州、佛山、广州等地丝织业都很发达。清代棉布生产，产量和质量都有很大提高。景德镇仍是全国的制瓷中心，其他各地的制瓷业也都发展起来。制糖业、矿冶业也有进一步发展。手工业的发展，促进了封建商品经济的发展，明中后期在江南棉、丝织业中出现了资本主义萌芽。

（二）古代手工业的主要经营形态

中国古代手工业主要有官营和民营两种经营形态。官营手工业是历代统治

阶级为满足统治者的生活享受和政治、军事、财政需要而由官府经营的手工业。民营手工业是私人经营的以手工劳动及其协作为基础的各种手工业。进入阶级社会以后，官营手工业一直占有很大比重，民营手工业的具体情况在各代不尽相同，但始终普遍存在。

商代就已出现官营手工业。在西周，“工商食官”，官府占有工商业者，并进行垄断性经营。据《考工记》记载，官工业拥有30多个工种，涉及运输、生产工具、兵器、容器、玉器、皮革、染色、建筑等各个行业。自春秋起，出现了与官营手工业相并存的私人手工业和独立商人，开始打破“处工就官府”的历史格局。

秦汉统一帝国建立后，逐渐形成一套庞大的官营手工业系统。例如：汉代由少府监管理生产兵器、仪仗用品和生活用品的官营作坊，由将作监管理营造宫室的官府工场。还在地方设置铁官、盐官、铜官、金官、服官等职官，分别管理各类官营手工业。汉代规模最大的冶铁业和铸钱业，从业人数达10万人以上。秦代中央设少府监，掌管礼器、车舆以及织染、矿冶、铸钱等业；设将作监，掌管土木工匠；设军器监，掌管武器等军工用品制造的工场。因手工业的种类不同，监下还设若干署，分门别类加以管理，其中少府监织染署包括25作。宋代仅少府监附设的一个掌管金银玉饰品制作的机构——文思院，就领有42作。内侍省里制造皇家嫁娶用品的有81作。除日用物品制作外，还有土木工程、军器、车舆、礼器制造以及织染、盐铁等各业经营。明初，官营手工业种类达188种，工匠经常保持在30万人左右。清代官营手工业分属内务府、工部和户部经营。除军工外，官营手工业逐渐衰落，民间手工业得到进一步发展。

历代官府手工业的原材料，主要来源于官府直接垄断的各种自然资源，或以土贡、坐派、科买等手段取之于民。其资金主要来源于国家的财政收入。劳动力来源，先秦主要是“食官”的手工业奴隶。汉至唐中叶，则大量使用官奴婢、罪犯和征调来的徭役劳动者。唐中叶后，主要使用在籍工匠，同时出现了募雇的劳动力。宋代，募雇有了发展，但这种雇佣仍不是自由劳动者。至清代匠籍制度废除后，实行计工给值，工匠处境有所改善，促进了手工业的发展。官府手工业

作为中国奴隶制经济和封建制经济的重要组成部分，以劳动者的牺牲为代价创造了一部分古代文明。

古代民营手工业包括农民经营的与农业紧密联系在一起的家庭手工业、城乡劳动者经营的独立的个体手工业和地主豪强及其他工商业者经营的手工作坊或工矿作场。

先秦时就已存在男耕女织的家庭手工业，后来家庭手工业成为了社会的基本经济结构。独立的私人手工业产生于春秋时期，到战国已有较大发展，不仅制陶、漆器、木器、织锦等业逐渐从农业中分离出来，而且已出现制盐、冶铁的民营作坊。秦汉时期，煮盐、冶铁、制陶、造车船、制漆器、酿酒等生产规模和工艺技术都已超过前代。西汉中期，由于盐铁专卖，民营盐铁业一度衰落。至东汉和帝罢盐铁之禁后，地主豪强又重操旧业。其他手工业也都有不同程度的发展。

进入魏晋南北朝以后，手工业生产虽然衰而复兴，但其发展程度始终不及汉代。直到隋唐时期，私人手工业才又有显著的提高。唐代的瓷器、铜器、制茶、造纸等业中，形成了享有声誉的各地特产，矿冶业分布较为普遍，纺织业成为当时的主要手工业部门，印染方法有新的发明。另外，手工业行业组织也开始产生。

时至宋代，独立手工业者的数量较前代增多；矿冶、丝织等业的发展十分显著；制瓷业在当时手工业中占有突出地位。此外，造纸、雕版印刷以及造船业也很发达。唐宋两代，是中国民间手工业的又一个兴盛时期。

元代前期，官府手工业畸形发展，严重打击了私人手工业，有所发展的主要是棉纺织业和丝织业。元明以前，由于官府手工业的衰落和手工业者地位的某些改变，民间手工业发展较快。制瓷业中，民窑数目已大大超过官窑，烧制瓷器可与官瓷媲美。而且，除两京外，当时已形成某些手工业的重要产区，如松江的棉纺织业、苏杭的丝织业、芜湖的浆染业、铅山的造纸业和景德镇的制瓷业。工商业城镇也开始兴起。入清以后，不仅作为农村副业的棉麻纺织、养蚕缫丝都有了普遍的推广，而且全国各大小城市和市镇之中，大都存在着磨坊、油坊、机坊、纸坊、酱坊、弹棉花坊、糖坊、木作、铜作、漆作、铁作等大小

手工作坊。特别是清代对元明以来匠籍制度的废除，在客观上更有利于私人手工业的发展。鸦片战争之前，民间手工业的生产水平已超过明代，劳动生产率也相对提高，产量和品种更加丰富。尤其是制盐、采矿、冶金等行业得到了很大程度的发展，商业资本也开始流向产业部门，民间手工业达到了它的鼎盛时期。

在经营特征上，小手工业者所使用的劳动力全是家庭成员，制作加工也主要在家庭内进行。他们用雇主的原料或自备原料加工，产品自产自销。另一些手艺工匠，只有少量简单工具，没有能力开设作坊，仅加工原料或从事修补作业。私人作坊手工业，主要存在于城市或工矿资源所在地。使用工匠、学徒的小作坊，店主亦参加劳动，经营生产的目的主要是维持生活，营利的目的只占从属地位。地主豪富或工商业主开办较大的手工作坊，主要经营制盐和冶铁等业，他们通常以纳税形式向封建国家赁用生产资源，其劳动者多是流亡者、奴婢和佣工。产品自销或由商人转贩出售。

在中国古代社会中，民间手工业为社会提供了一定数量的生活必需品和基本的生产工具，它和农业一起，以众多的发明创造和精湛的手工技术，创造了中国灿烂的古代文明。并且，它推动着社会分工、商品货币关系乃至整个社会经济的发展。

（三）古代手工业特点

古代中国手工业作为古代中国经济结构的重要组成部分，它产生并发展于古代中国自给自足的自然经济形态的特定环境中，发展过程中取得了辉煌成就，也相应地体现出了自己的特点。

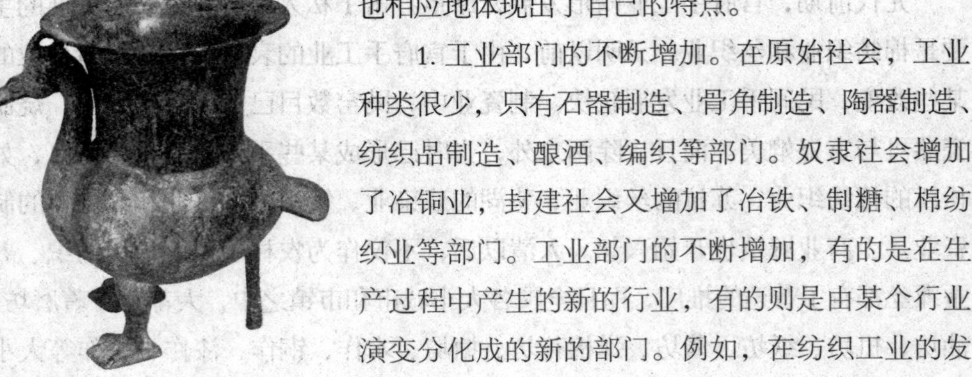

1. 工业部门的不断增加。在原始社会，工业种类很少，只有石器制造、骨角制造、陶器制造、纺织品制造、酿酒、编织等部门。奴隶社会增加了冶铜业，封建社会又增加了冶铁、制糖、棉纺织业等部门。工业部门的不断增加，有的是在生产过程中产生的新的行业，有的则是由某个行业演变分化成的新的部门。例如，在纺织工业的发

展过程中，先有丝织业，后有棉纺织业，随着棉纺织业的日益发展，又出现了轧花、纺纱、织布、印染等部门。同样，在矿冶铸造业方面，也日益分化成为采矿、冶炼、铸造等工业部门。另外，某个工业部门的创立或发展，往往也会带动其他相关部门的创立或发展，例如，中国冶铁业的兴起，使农具制造和兵器制造成为独立的工业部门。

2. 工业技术不断进步，劳动分工日益细密。任何一个工业部门，一旦创立，它的生产技术都是在不断进步的。以冶铁技术的发展为例：春秋时期以木炭为燃料，用皮囊鼓风炼铁；西汉时期开始用煤炭做燃料；东汉时期发明了水力鼓风机（水排），提高了炉温；北宋以后，以焦炭为燃料，进一步提高了炉温。同时，坩埚炼铁法的创造和土高炉炼铁技术的进步，使中国古代冶铁生产技术得到进一步提高。在工业技术不断进步的同时，生产单位内部的劳动分工也渐趋细密。在明清时代的某些工业部门，如制瓷、制糖、矿冶、井盐等行业的部分手工业工场中，都已具有相当细密的劳动分工。这时的手工业工场已经发展成为一个有机生产体系了。

3. 工业生产规模日益扩大，工场手工业随之出现。从工业经营的方式来说，其发展的一般趋势，是由家庭手工业到作坊工业，再到工场手工业。原始社会只能实行简单的协作，进行简单的生产。奴隶社会的工业生产规模较前有所扩大，在制作工业产品时，已经有了初步的劳动分工，生产效率较前提高。到了封建社会，工业生产的规模又有了扩大，劳动分工也渐趋细密；尤其在明代中叶以后，城市工业生产中产生了资本主义萌芽，出现了工场手工业的经营方式。在这种手工业工场中，一般雇佣较多的工匠，在细致的劳动分工下来扩大生产，使产品的制造进一步发展。例如，清代前期的矿冶业中，由于铸钱需要大量的铜，促使铜矿开采得到较大发展。

4. 官营手工业与民营手工业两种经营形态同时并存。中国的官营手工业，历史悠久，从奴隶制国家建立后，就有官营工业的存在。从西周到西汉，主要的工业部门，官府都设有作坊。从春秋末期起，随着农业经济的发展、生产技术的提高、社会分工的扩大，不少手工业者脱离农业而独立。这时社会上除了

官府工业作坊外，还出现了一批民间工业作坊。此后，官营手工业和民营手工业就成为中国古代社会手工业生产中并存的两种经营形态。

5. 地区分布广泛，且与经济重心南移作出相应变化。古代中国的手工业是以自给自足的自然经济为基础的，加之中国幅员辽阔、资源丰富，所以古代中国的手工业生产，地区分布广泛，如制陶和丝麻纺织几乎遍布全国各地，烧瓷分布于中原和江南许多地区。同时，随着古代中国经济重心的不断南移，古代的手工业分布也相应地呈现出这一特点。例如春秋战国时期，我国的手工业发达地区主要有北方的临淄、邯郸、宛等地；而到明清时期，手工业发达地区就主要在扬州、苏州、杭州一带了。

二、冶铸业发展历程

中国在公元前1500年左右开始进入青铜时代，公元前500年左右开始进入铁器时代，在早期的文明国度和地区中，中国使用铜、铁等金属的年代相对来说是较晚的。但是，由于中国在冶铸技术方面的发明和创新，使中国的冶铸业很快就后来居上，跃居世界的前列，并为中国古代文明的高度发达奠定了坚实的物质基础。

铸造技术在中国冶铸业发展历史上占有重要的地位，它既作为成形工艺而存在，又是冶炼工序中的一个组成部分，达到了“冶”与“铸”密不可分的地步，因此在古代文献中往往是冶铸并称。这对中国文化产生了深刻的影响，如常用词汇“模范”“范围”“陶冶”“就范”等，都是由冶铸技术衍生而来的。这种冶与铸密不可分的冶金传统，是古代世界上其他国家和地区所没有的。

（一）青铜冶炼

商周到战国时期的青铜器被认为是中国古代文明的象征。中国开始冶炼青铜的时间虽然晚于西方约千余年，但是后来冶炼水平很快超过了西方。

商、西周时期青铜的冶铸已很进步，生产规模非常大、冶铸技术也很高。春秋战国时，铜的采炼、铸造又有进一步发展。这时的青铜器，器形大、制作精、种类繁多。青铜器的用途几乎涉及社会生活的各个方面，反映了青铜工业在社会生活中的重要地位。湖北大冶铜绿山古矿遗址和山西侯马铸铜遗址的发现，使人们对这一时期从采矿、冶铜到青铜器的铸造有了新的认识。

从重875公斤的司母戊方鼎、精美的曾侯乙尊盘和大型的随县编钟群，以至大量的礼器、日用器、车马器、兵器、生产工具等，可以看出当时中国已经非常熟练地掌握了综合利用浑铸、分铸、失蜡法、锡焊、铜焊的铸造技术，在冶铸工艺技术上已处于世界领先的地位。

《考工记》中记载了“金有六齐：六分其金而锡居一，谓之钟鼎之齐。五分其金而锡居一，谓之斧斤之齐。四分其金而锡居一，谓之戈戟之齐。三分其金而锡居一，谓之大刃之齐。五分其金而锡居二，谓之削杀矢之齐。金锡半，谓之鉴燧之齐。”这是世界上最早的合金配比的经验性科学总结，表明当时中国已认识到合金成分与青铜的性能和用途之间的关系，并已定量地控制铜锡的配比，以得到性能各异、适于不同用途的青铜合金。

《考工记》中还记载有：“凡铸金之状，金与锡，黑浊之气竭，黄白次之；黄白之气竭，青白次之；青白之气竭，青气次之，然后可铸也。”说明当时已掌握了根据火焰的颜色来判定青铜是否冶炼至精纯程度的知识，这是后世化学中火焰鉴别法的滥觞。用来比喻功夫达到纯熟完美境界的成语“炉火纯青”，就是由此引申出来的。

在炼铜中的另一项重要成就是湿法炼铜，也叫胆铜法。这是利用炼丹家所发现的铁对铜离子的置换反应，进行冶铜的方法。其工艺过程是把硫酸铜或碳酸铜（古称曾青、胆矾、石胆等）溶于水，使成胆水，然后投铁块于溶液中，因铁的化学性能比铜活泼，铁离子会置换出铜来。这是世界上最早的湿法冶金，宋代已用此法进行大规模的炼铜生产。

春秋战国时期青铜工艺技术的进步，突出表现在以下两个技术的使用上：一项是金银错技术，所谓金银错技术就是在铜器表面上镶嵌金银丝，制成图案或文字。这项技术，春秋中期已出现，当时楚、宋等国的兵器上有错金的美术字。战国初，铜礼器上出现了大片金银错图案，战国中期这种技术不仅用在兵器、礼器上，而且也用在符节、玺印、车器、铜镜、带钩和漆器的铜扣上。二是战国中期以后刻镂画像工艺发展了起来，这种工艺是在比较薄的壶、杯、鉴、奁上制上细如发丝的刻镂画像图画，一般多是水陆攻战、狩猎、宴乐礼仪等方面的图画。这些图画是在铸成器形后，用钢刀刻镂加工制成的。

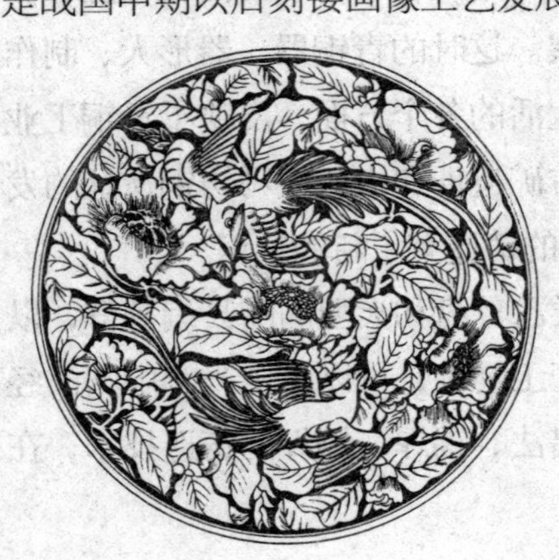

（二）钢铁冶炼

中国虽然迟至公元前6世纪才开始冶炼

块铁，约比西方晚900年，然而冶炼铸铁的技术却比欧洲早2000年。由于铸铁的性能远高于块铁，所以真正的铁器时代是从铸铁诞生后开始的。社会发展的历史表明，铸铁的出现是社会生产力提高和社会进步的主要标志。中国从块铁到铸铁发明的过渡只用了约一个世纪的时间，而西方则花费了近3000年的漫长时光。中国古代炼铁技术发展得如此迅速是世界上绝无仅有的，英国著名科学史家贝尔纳说，这是世界炼铁史上的一个唯一的例外。

由于生铁含碳量高，虽硬但脆，不耐碰击，易毁坏。为改进生铁的性能，中国古代发明了一系列的生铁加工技术：

首先是战国时期问世的铸铁柔化处理技术，这是世界冶铁史的一大成就，比欧洲早两千多年。该项技术又分为两类，一类是在氧化气氛下对生铁进行脱碳热处理，使成白心韧性铸铁；一类是在中性或弱氧化气氛下，对生铁进行石墨化热处理，使成黑心韧性铸铁。到汉代，铸铁柔化处理技术又有新的突破，形成了铸铁脱碳钢的生产工艺，可以由生铁经热处理直接生产低、中、高碳的各种钢材，中国从此成为世界上的先进钢铁生产国。其产品亦随着中外交通贸易的发展，输运到周围各国以及中亚、西亚和阿拉伯一带。

另一个生铁加工技术是炒钢，它是中国古代由生铁变成钢或熟铁的主要方法，大约发明于西汉后期。其法是把生铁加热成液态或半液态，并不断搅拌，使生铁中的碳分和杂质不断氧化，从而得到钢或熟铁。河南巩县铁生沟和南阳瓦房庄汉代冶铁遗址，都提供了汉代应用炒钢工艺的实物证据。“莫邪”乃古代著名的宝剑，据东汉时期成书的《太平经》称，它是先由矿石冶炼得到生铁，再由生铁水经过炒炼，锻打成器的。炒钢工艺操作简便，原料易得，可以连续大规模生产，效率高，所得钢材或熟铁的质量高，对中国古代钢铁生产和社会发展都有重要的意义。欧洲直至18世纪中叶，英国人才发明类似的技术。

中国古代的炼钢技术主要是“百炼钢”。自从西晋刘琨写下“何意百炼钢，化为绕指柔”这一脍炙人口的诗句后，“千锤百炼”“百炼成钢”便成为人们常用的成语。百炼钢起源于西汉早期的块炼渗碳钢，是不断增加锻打次数而定型的加工工艺。到东汉、三国时，百炼钢工艺已相当成熟。后世这一工艺一直

被继承，并不断得到发展。

此外，对出土的汉魏时期铁器进行研究后表明，中国早在两千多年前的汉代就已经发明了球墨铸铁，远远早于西方的欧洲国家。

创始于魏晋南北朝时期的灌钢技术，是中国冶金史上的一项独创性发明。灌钢的工艺过程大致为：将熔化的生铁与熟铁合炼，生铁中的碳分会向熟铁中扩散，并趋于均匀分布，且可去除部分杂质，而成优质钢材。灌钢技术在宋以后不断被改进，减少了灌炼次数，以至一次炼成。宋代还把生铁片嵌在盘绕的熟铁条中间，用泥巴把炼钢炉密封起来，进行烧炼，效果更好。明代又有改进，把生铁片盖在捆紧的若干熟铁薄片上，使生铁液可以更均匀地渗入熟铁之中。不用泥封而用涂泥的草鞋遮盖炉口，使生铁可从空气中得到氧气而更易熔化，从而提高冶炼的效率。灌钢又称“抹钢”“苏钢”，其工艺自清至近代仍很盛行。在坩埚炼钢法发明之前，灌钢法是一种最先进的炼钢技术。

除了铜、铁外，中国古代冶炼和使用的金属还有金、银、汞、铅、锡、锌等，其中锌的炼制是中国首先发明的。中国在先秦的青铜中已把锌作为伴生矿加入铜合金中，从汉代至元代更是有意识地把锌的氧化物“炉甘石”加入化铜炉中，以生产锌为主要合金元素的铜合金——黄铜。明代时，则开始了大规模地用炉甘石做原料提炼金属锌。从 16 世纪起，中国的锌便不断传进欧洲。欧洲到 17 世纪才开始炼锌，其工艺也是源自于中国。

三、陶瓷业发展历程

我国远在新石器时代就学会了制陶，随着制陶业的发展，出现了古代制瓷业。“瓷器”一词在英文中被称为“china”，后来西方干脆将瓷器的故乡同样称为China，也就是“中国”的英文名，可见中国瓷器在世界上享有盛誉。中国古代的瓷器文化，是中华民族的优秀文化遗产。瓷器是古代中国人民的伟大发明，也是中华民族对人类文明的杰出贡献。

（一）制陶业

陶器是指以黏土为胎，经过手捏、轮制、模塑等方法加工成型后，在800℃－900℃左右的高温下焙烧而成的物品，品种有灰陶、红陶、白陶、彩陶和黑陶等。陶器的发明是原始社会新石器时代的一个重要标志。中国早在约一万年前就已经发明了原始的制陶术，成为世界上最早制陶的国家之一。在距今约四五千年以前，在今河南地区就出现了具有红、黑图饰的“彩陶”制品，反映了当时已经具有了相当高的制陶技术和社会文化水平，形成了著名的“彩陶文化”。

陶器的革命性变化出现在原始社会晚期与夏朝时期，这时出现了一种以高岭土为原料的陶器，它的烧制温度需要达到1000℃以上，烧成后的陶器呈现白色，质地细密坚硬，明显超越了一般的陶器。

随着社会的不断进步，陶器的质量也逐步提高。到了商代和周代，已经出现了专门从事陶器生产的工种。在战国时期，陶器上已经出现了各种优雅的纹饰和花鸟。这时的陶器也开始应用铅釉，使得陶器的表面更为光滑，有了一定的色泽。

到了西汉时期，上釉陶器工艺开始广泛流传起来。多种色彩的釉料也在汉

代开始出现。唐三彩是盛行于唐代的陶器，它是一种低温釉陶器，在色釉中加入不同的金属氧化物，经过焙烧，便形成浅黄、赭黄、浅绿、深绿、天蓝、褐红、茄紫等多种色彩，但多以黄、褐、绿三色为主。唐三彩的出现标志着陶器的种类和色彩更加丰富多彩了。

明正德年间后流行的紫砂壶就是由陶器发展而来的，属于陶器茶具的一种。它坯质致密坚硬，取天然泥色，大多为紫砂，亦有红砂、白砂。烧制温度在1100℃—1200℃，无吸水性。它耐寒耐热，泡茶无熟汤味，能保真香，且传热缓慢，不易烫手，用它炖茶，也不会爆裂。因此，历史上曾有“一壶重不数两，价重每一二十金，能使土与黄金争价”之说。

（二）制瓷业

瓷器生产要具备下列条件：1.瓷土必须是高岭土；2.要有玻璃质感的釉色；3.通常烧制的温度在1200℃—1300℃。与陶器相比，瓷器具有质地坚硬和清洁美观的优点，敲击声清脆悦耳。瓷器的发明是在陶器技术不断发展和提高的基础上产生的。商代的白陶是原始瓷器出现的基础，它的烧制成功对由陶器过渡到瓷器起了十分重要的作用。

商周之际遗址中出土的“青釉器”已明显地具有了瓷器的基本特征，被人称为“原始瓷”或“原始青瓷”。它们的质地和陶器相比更细腻坚硬，胎色以灰白居多，烧结温度高达1100℃-1200℃，表面施有一层石灰釉，吸水性极小。

原始瓷自商代出现后，从西周、春秋战国到东汉，历经了一千多年的变化发展，逐渐走向了成熟。东汉以来直至魏晋时期，技术趋于成熟，多为青瓷。这些青瓷做工精细，胎质坚硬，不吸水，表面施有一层青色玻璃质釉。此时还出现了黑釉瓷。这种高水平的制瓷技术，标志着中国瓷器生产进入了一个新时代。

我国白釉瓷器萌芽于南北朝，隋朝时已经发展到了成熟阶段，唐代更有了新的发展，已经发展为青、白两大瓷系主流，青瓷以越窑产品的质量最高，白瓷以邢窑产品质量最高，瓷的白度也达到了

70%以上，接近现代高级细瓷的标准。这一时期是重要的窑具“匣钵”普及发展的时期，瓷器制作与造型发生了很大的变化，胎壁由厚重趋向轻薄，底足由平底、饼形足变为玉璧形底、圈足，釉面不受窑内烟熏污染，从而保持了色泽纯净，器物造型趋向于轻巧精美。这时还出现了绞胎瓷、花釉瓷、秘色瓷等高级品类，长沙窑普遍使用了瓷器高温釉下彩、釉上彩新技术。这一时期瓷器的制作技术、艺术高度发达，享誉中外，瓷器的外销出现了较大的规模。

宋代瓷器在胎质，釉料和制作技术等方面，有了新的提高，烧瓷技术达到了完全成熟，利用火焰性质和温度高低不同，所成的釉呈现出各种不同的颜色，光彩夺目，是我国制瓷业发展史上的一个重要阶段。宋代涌现了大量的名窑，耀州窑、磁州窑、景德镇窑、龙泉窑、越窑、建窑以及被称为宋代五大名窑的汝窑、官窑、哥窑、钧窑、定窑等。

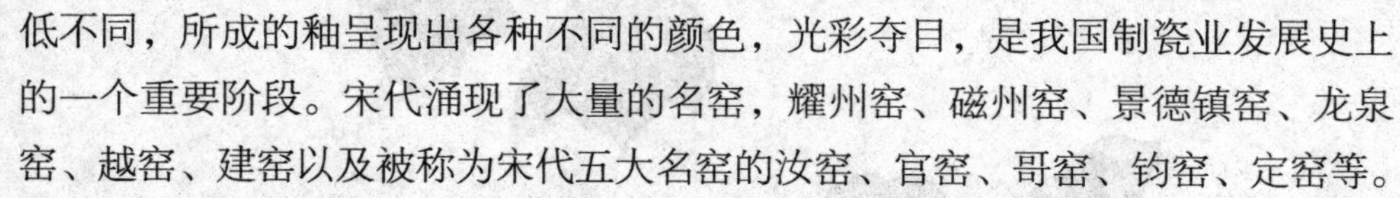

当时的瓷器格局，主体上依然是“北白南青”两大体系，但实际上则是交汇融合，更趋丰富多彩。南方的瓷器在瓷土的选择上有了很大发展，瓷器的胎体相当洁白。北方的窑炉一般较小，所以发明了“覆烧工艺”，后来又传到了南方。南方的一些窑炉，则采取了扩大容积的技术，甚至一窑就能烧制一两万件瓷器。品种上，南方烧出了粉青与梅子青釉，北方烧出了铜红釉与釉里红、白地黑花、釉上红绿彩等新品种，而且还发明了印花装饰、刻花装饰等等。

彩瓷一般分为釉下彩，釉中彩和釉上彩三大类。在胎坯上先画好图案，上釉后入窑烧炼的彩瓷叫釉下彩；上釉后入窑烧成的瓷器再彩绘再烧为釉中彩；上釉后入窑烧成的瓷器再彩绘，又经炉火烘烧而成的彩瓷，叫釉上彩。我国古代陶瓷器釉彩的发展，从无釉到有釉，又由单色釉到多色釉，然后再由釉下彩到釉上彩，并逐步发展成釉下与釉上合绘的五彩、斗彩等。

元代是古代瓷器发展的重要时期，起着承前启后的重要作用，钧窑、磁州窑、景德镇窑、龙泉窑、德化窑等名窑继续发展。景德镇窑开始使用瓷石加高岭土的“二元配方法”，使得二氧化二铝的含量进一步提高，烧成温度由此也可以相应提高，烧出了颇具气势的大型器。在景德镇等地白瓷高度发达的基础上，高温釉下彩品种——青花、釉里红瓷器普遍出现，成为中国瓷器史上又一里程碑。

明清时代的制瓷业以景德镇为中心，官窑制品更是穷极精丽，可以说是千年中国古代瓷器的高度总结与代表。青花瓷器是各种产品的主流，以明代永乐至宣德年间的水平最高。彩瓷发展到空前繁盛的时期，明代初年以铜红釉水平较高，明成化年间以斗彩著称，弘治年间出现低温黄釉，正德年间出现孔雀绿釉，嘉靖时期出现五彩。清代釉色品种更为丰富，如釉上蓝彩、墨彩、釉下五彩、金彩、粉彩、珐琅彩以及各种单色釉。明清时期还出现了釉上釉下彩结合，半脱胎、脱胎瓷器等等新工艺。器物品类空前丰富，装饰手法与题材也达到空前的繁盛。

四、异彩纷呈的纺织业

（一）古代纺织业形成时期

我国纺织业历史悠久。据考古发现，远在新石器时代，中国的原始人群就已广泛使用一种最原始的纺纱工具纺坠进行纺纱。相传，大禹时期纺织品已作为贡物上缴，“禹合诸侯于涂山，执玉帛者万国”。夏商时期，丝织业开始有了固定的分工和专业作坊，到西周时则成为社会生产的主要部门，丝织品成为国家赋税的重要来源。

春秋战国时期，“男耕女织”已成为社会经济的主流。人们的生活来源和贵族们的衣食消费，均取决于农业和手工业。各诸侯都比较重视纺织生产，统治阶层把掌握有纺织技术的工匠组织成劳动队伍，进入官府控制的手工纺织作坊操作。同时，各国还明法审令，奖励耕织，凡生产粟帛多的农民可以减免其徭役，使得一些地区（如黄河中下游地区）迅速发展成重要的桑蚕丝绸产地。

在当时，麻葛丝帛的织造遍布城乡各地，纺织品的生产和贸易日趋繁荣，一些以专门生产纺织品著称的地区应运而生。出现了以临淄为主的齐鲁和以陈留、襄邑为主的河洛平原地区两个纺织中心，前者以出产的薄质罗、统、纳及精美刺绣著称，并被史家誉之为“齐冠带衣履天下”，后者则以出产的美锦、文锦、重锦等而闻名。当时的丝织业主要集中在黄河中下游的今冀、鲁、豫地区，而楚越等南方地区的丝织业也相当发达，从大量出土的战国楚墓中的各种丝织品来看，即可证明这一点。精美的丝帛，不仅成了当时祭拜天地的必备之物，而且是会盟朝聘不可缺少的贵重礼品。

这一时期，居住在我国西北地区的少数民族，毛纺织品的织造技艺已达相当高的水平。他们根据毛纤维的特性，发明了世界上最早的无纺织布——毡。这充分说明，我国古代的毛纺织技术同麻丝纺织业一样，也具有十分远久的

历史。

春秋战国时期的织机已经具备了比较先进的结构，可以说已经由原始的织造工具过渡到了较完善的手工织机阶段。当时整套的染整工艺已初步形成，使用的染涂料，主要有植物染料和矿物涂料，媒染工艺的运用也较为普遍。各种织品丰富多彩，织物组织结构比较复杂。各地考古挖掘证明，春秋战国时期的平纹、斜纹、纹纱、经二重、纬二重等组织结构的织品都有出土，丝织物的组织结构尤为繁多，达十几种。织物上的几何图案和花纹已相当复杂，各种图案对称协调，层次分明，做工精巧。例如长沙楚墓出土的麻布残片，纤维相当细密。

（二）闻名于世的丝绸之路

秦汉时期，纺织业作为最发达的手工业，仍在继续发展中。我国是当时世界上唯一一个养蚕、缫丝、织丝的国家。几百年后这些技术才传入朝鲜、越南、日本，后又传入希腊和欧洲各国。当时饲育的家蚕一般一年四五熟，吴国永嘉郡培育出了八辈蚕。纺车、缎车、络纱、整经工具及结构较为复杂的手工织机、提花机已相当完善。

当时的丝绸锦缎，不仅能用各种色线织成工艺考究的带有人物、花鸟、动物、文字等复杂图案的织品，而且印染技术之高也令人惊叹。印染出的花型，层次分明，色泽鲜艳，具有很强的立体效果。湖南长沙马王堆发掘出土的古汉墓中，发现许多精美的丝麻织品，上面有各种富有艺术价值的花纹图案，其中最薄的一件丝绸上衣，长达 160 厘米，两袖展开长 190 厘米，重量居然只有 48 克。同时出土的印花织物上所采用的套色印染方法，不仅图案相当精细美观，而且套印得十分准确，可见当时缎、纺、织、染的技术水平已经达到十分精湛的地步。

当时的纺织品生产已突破了自给自足的范围，成为了大量的商品生产。统治阶层在政府中设置专门部门和官员，负责纺织生产和征收税帛。官府控制着规模宏大、雇佣有各种工匠数千人的官营纺织生产工场。精美珍贵的丝绸品除了皇室御用之外还大量赏赐给皇亲国戚、文武大臣或作为礼品和商品输往国外。

西汉年间，汉武帝派张骞两次出使西域，开辟了我国通往西域的第一条国际贸易通道——丝绸之路。各国使节和商队频繁往来，在这些贸易品交换中，我国输出的丝绸织品比价很高，汉代《盐铁论》中说：“中国一端（二丈）帛，得匈奴值数万钱。”可见，在汉代，我国的丝织品已经蜚声世界，誉满全球了。

（三）古代纺织业繁荣时期

隋唐时期，我国封建经济空前繁荣。唐政权建立之后，统治集团从调整经济政策着手，采取了一系列休养生息、轻徭薄赋的措施。唐太宗曾下令把中央政府的官员从2000多人精简到600人，并将3000多宫女“遣出宫室，就嫁民间”，以充实社会劳动力。这些制度和法令的制定、颁行，对于恢复生产和发展经济，起到了很大的促进作用。

唐政府对纺织生产十分重视。毛、麻、丝等纺织原料几乎都掌握在统治阶层手中。政府少府监专设织染署，掌管着纺织、缝纫、制作、染整等十几种专业工场。所雇织工越来越多，生产规模越来越大。为了提高工匠们的纺织技艺，官府办的手工纺织作坊中，还有专门训练技工的部门，经常组织纺织工匠们进行技术学习和技术交流，促进生产技术的全面改革和发展。

当时，纺织品的染织工艺相当精湛，内容极为丰富，各种精美绫锦绚丽多彩、争妍斗奇。如扬州、定州、益州织造的特种花纹绫锦，越州的异纹吴绫，浙江会稽的绫锦和桂林的桂布都属我国古代衣料中不可多得的珍品。考古学家从敦煌千佛洞中发现的唐代薄绢，染织技艺之高令人惊叹，它具有两面绘画，而且挂在过道不挡光线。宣州生产的红线毯十分豪华，是当时官商绅贾家中向往的奢侈之物。

民间的纺织生产也十分繁荣，农村按照季节和时令从事的纺织副业生产已相当规范。民营纺织作坊也随着城市商业的繁荣和商品流通的扩大而增多，京

都长安有织锦行、绢行、丝帛行、毯行、毡行等，到了中唐时期已遍及全国各地。

隋唐之际，各种手工纺织机器及结构进一步完备。手摇纺车的普及使纺丝效率大大提高。从手摇纺车演变而来的脚踏纺车，有的已发展到可以五锭纱线同时并捻的水平。这种脚踏纺车一直沿用到了清代。脚踏织机与各种提花机结构的改善和机件的完备，使织品突破了原来主要靠经线显花的限制，出现了不少带有大幅度循环花纹图案的织品。唐代出土文物中，专家们发现了大量的纬显花织物，花纹循环纬线数比以前增加了很多，证明当时随着提花机的不断改革，缎纹组织织品的生产已经比较普及，整个织物的平纹、斜纹、缎纹“三原组织”已达完整的地步。

（四）古代纺织业继续发展时期

从宋朝、元朝、明朝直到清朝前期，我国纺织业继承和发展了前代的纺织工艺技术，同时在两个方面取得了重大突破。一是我国古代劳动人民发明创造出了世界上最早的利用自然击力运转的纺织机器——水转大纺车。这种高产高效的纺纱合线工具比欧洲的水力纺机早 400 多年。人们利用这种大型生产工具，高速度、高效率地并捻合线，使纺织品生产数量和质量大大提高。二是棉纺织业兴起，棉花的种植和棉纺织业在全国逐步普及推广。棉织品的出现，改变了传统纺织原料的构成，取代了麻丝织物，成为了劳动大众的主要衣着用料。

宋代的纺织业仍是以丝织为主，江南的苏、杭以及四川、河北都设有官府办的织锦院，一些州府也设有官办纺织工场。生产出的纺织品在满足朝廷和文武官员使用的同时，还用于军需和外贸。当时两宋政权对北方少数民族多采用求和苟安政策，除了向辽、金等国定期纳银外，每年要送上丝绢上百万匹，同时，还要与高丽、日本、大食、南洋、印度和非洲各国进行频繁贸易，以换取更多的奢侈品。因此，统治阶层对纺织品的需求量日益增加，除了官办工厂生产的纺织品外，政府还派官员向民间征集、收购纺织品，以满足需要。这样一来，就刺激、

促进了宋代纺织业的发展。

宋代之前，虽然种植棉花的方法已经由印度传往中国，但是并未出现大面积种植。江苏松江府的女纺织家黄道婆，对我国长江三角洲地区棉纺织业的发展曾作出过巨大的贡献。南宋末年，黄道婆为躲避战乱，曾漂流到海南岛几十年，在那里她向当地黎族人民学习了当时内地还没有的纺纱织布技术。回到松江府后，她将自己学到的技艺热情地传授给附近的劳动妇女，并改进纺织工具和操作方法，使工效增加了好几倍。

（五）资本主义萌芽期的纺织业

明代，棉纺织业发展更快。黄河流域和长江南北到处可见种植棉花的田地。朱元璋很重视棉、桑、麻等经济作物的种植，政府下令：农民有田五亩至十亩的，必须要栽种棉、桑、麻各半亩，有十亩以上者加倍，否则，将罚缴纳布一匹。这样就大大提高了农民植棉的积极性，植棉面积显著增加，从而促进了植棉技术的提高和棉花赶弹工具的改进。由于棉花的广植和蚕桑丝绸业的发展，使得一些地方成了纺织品的专业地区。宋应星所著《天工开物》一书中提到“织造尚松江，浆染尚芜湖”，说明当时的松江府以棉布织造业著称，而芜湖一带则以印染业闻名全国。明代中期，江南苏、杭、嘉、湖一带，家家户户以纺织为业，丝绸织花技术领先于全国各地。

明永乐三年，明成祖派郑和先后七次下西洋，历时 29 年，到了亚非 30 多个国家，促进了中外经济文化交流。郑和七下西洋，带动了大批中国贫苦农民、小手工业者远涉重洋，到东南亚各地谋生。这些华侨将我国的纺织品、纺织技术带往东南亚各国，并将海外许多纺织品品种、纺织原料、染料引进到我国，带动了明代纺织业的发展。

入清以后，明朝潜在的资本主义萌芽，在清代开始缓慢生长，逐渐发展起来。纺织业是我国资本主义萌发最早的行业，到了清代，随着商品经济比重的显著增加、商品贸易的进一步扩大，棉花和布匹在城市及农村集市贸易中成了销售量最旺的商品。当时，棉花的种植区域有了很大扩展，几乎遍及全国各省。

两湖、两广、长江三角洲地区和胶东半岛、河南、河北都是重要的产棉区。棉花的产量和纺织品的生产数量都已达到自给有余的程度。当时，我国棉花和“土布”大量行销海外，很受青睐。用松江“紫花布”制作的衣物在英国成了风靡一时的时装。古代绣品的后起之秀——湖南湘绣，在海外也赢得了很高的声誉。这一阶段，我国纺织品的生产数量和外贸出口量都是比较可观的，直到后来清政府封闭通商口岸，实行闭关锁国政策之时。

清朝后期，帝国主义势力对我国大举入侵，使我国传统的纺织业受到全面压抑，纺织生产前程黯淡、发展艰难，较之前期，无论在数量上还是质量上，大有江河日下之势。

五、造船业的发展历程

中国有漫长的海岸线，仅大陆海岸线就有18000多公里，又有6000多个岛屿环列于大陆周围，这就为我们的祖先进行海上活动，发展海上交通提供了极为便利的条件。我国古代造船业起步于遥远的原始社会的新石器时代，历史悠久，源远流长。我国古代造船业有着辉煌的历史，当年曾雄踞于世界前列，把欧洲远远地抛在了后面。在它的发展过程中，曾经出现过三个高峰时期，这就是秦汉时期、唐宋时期和明朝时期。

（一）先秦时期的造船业

古书上曾记载一则神话：禹为了指挥治水工程，需要造一只大型的独木舟。他听说四川有一棵特大的梓树，直径达一丈多宽，就带着木匠去伐。树神知道后，化成一个童子阻止他砍伐。禹非常生气，严厉地谴责了树神，砍下大树，并把它中间挖空，造了一条既宽大又灵巧的独木舟。禹乘坐这艘独木舟指挥治水工程，经过13年的努力，终于治服了洪水。

当然，传说和神话不等于现实，但是它却在一定程度上反映了某些事实，就是在原始社会末期我国已经发明了船。今天，不少考古发现也在不断证实着以上的事实。在距今5000年左右的浙江杭州水田畈和吴兴钱山漾的新石器时代的遗址中，都有木桨出土，说明当时独木舟已成为浙江地区的重要水上交通工具。

据考证，在不晚于夏朝的时候，木板船就已经发明了。到了商朝，生产力又有了提高，人们开始较普遍地使用金属工具建造木板船，并开始较大规模的商业活动了。应该说，由独木舟和筏发展到木板船，这是造船史上的飞跃，它开辟了航海及河运史上的新时期。

船舶的发展有一个漫长的历史过程。最早出现的木板船叫舢板，几千年来，人们在使用中不断对舢板船加以改进，逐步使它完善，并且不断有所创新，促成了千姿百态、性能优良的各种船舶的产生。除了舢板这种单体木板船外，当时人们还受木筏制造原理的启发，造出了舫，把两艘以上的船体并列连接起来，增加了船的宽度，提高了船的稳定性和装载量。

春秋战国时期，我国南方已有专设的造船工场——船宫。诸侯国之间经常使用船只往来，并有了战船的记载。战船是从民用船只发展起来的，但因为战船既要配备进攻设备，又要防御敌方进攻，因此它在结构和性能上的要求都比民用船只高。可以说，战船代表着各个时期最高的造船能力和技术水平，也从一个侧面反映了当时的经济力量和生产技术水平。吴国水军的战船是当时最有名的，主要是三翼，即大翼、中翼和小翼，其中大翼长10丈，阔1.5丈，可以载士卒90多人，有较高的航行速度。吴国就是凭借这些战船先后在汉水和太湖大败楚、越两国的。后来越国灭吴时，吴国的战船已经发展到300艘之多。

（二）秦汉时期的造船业高峰

秦汉时期，我国造船业的发展出现了第一个高峰。秦始皇在统一中国南方的战争中组织过一支能运输50万石粮食的大船队。据古书记载，秦始皇曾派大将率领用楼船组成的舰队攻打楚国。统一中国后，他又几次大规模巡行，乘船在内河游弋或到海上航行。

到了汉朝，以楼船为主力的水师已经十分强大。据说打一次战役，汉朝中央政府就能出动楼船2000多艘，水军20万人。舰队中配备有各种作战舰只，有在舰队最前列的冲锋船“先登”，有用来冲击敌船的狭长战船“蒙冲”，有快如奔马的快船“赤马”，还有上下都用双层板的重武装船“槛”。当然，楼船是最重要的船舰，是水师的主力。楼船是汉朝有名的船型，它的建造和发展也是秦汉时期造船技术高超的表现。

秦汉造船业的发展，为后世造船技术的进步奠定了坚实的基础。三国时期孙吴所据之江

东，历史上就是造船业发达的吴越之地。吴国造的战船，最大的上下五层，可载3000名战士。以造船业见长的吴国在灭亡时，被晋朝俘获的官船就有5000多艘，可见造船业之盛。到南朝时，江南已能建造1000吨的大船。为了提高航行速度，南齐大科学家祖冲之“又造千里船，于新亭江试之，日行百余里”。它是装有桨轮的船舶，称为“车船”，是利用人力以脚踏车轮的方式推动前进的。虽然没有风帆利用自然力那样经济，但是这也是一项伟大的发明，为后来船舶动力的改进提供了新的思路，在造船史上占有重要地位。

（三）唐宋时期的造船业高峰

唐宋时期是我国古代造船史上的第二个高峰，我国古代造船业的发展自此进入了成熟时期。秦汉时期出现的造船技术，如船尾舵、高效率推进工具橹以及风帆的有效利用等等，到了这个时期得到了充分发展和进一步的完善，而且创造了许多更加先进的造船技术。

隋朝是这一时期的开端，虽然时间不长，但造船业很发达，甚至建造了特大型龙舟。隋朝的大龙舟采用的是榫接结合铁钉钉联的方法。用铁钉比用木钉、竹钉联结要坚固牢靠得多。隋朝已广泛采用了这种先进方法。到了唐宋时期，无论从船舶的数量上还是质量上，都体现出我国造船业的高度发展。具体来说，这一时期造船业的特点和变化，主要表现在以下几个方面：

一是船体不断增大，结构也更加合理。船只越大，制造工艺也就越加复杂。唐朝内河船中，长20余丈、载人六七百者已屡见不鲜。有的船上居然能开圃种花种菜，仅水手就达数百人之多，可以想象船只有多大。唐宋时期建造的船体两侧下削，由龙骨贯串首尾，船面和船底的比例约为10∶1，船底呈V字形，便于行驶。

二是造船数量不断增多，造船工场明显增加。唐朝的造船基地主要在宣城、镇江、常州、苏州、湖州、扬州、杭州、绍兴、临海、金华、九江、南昌以及东方沿海的烟台、南方沿海的福州、泉州、广州等地。这些造船基地设有造船

工场，能造各种大小河船、海船、战舰。唐太宗曾以高丽不听勿攻新罗谕告，决意兴兵击高丽。命洪、饶、江三州造船400艘以运军粮，又命张亮率兵四万，乘战舰500艘，自莱州（山东掖县）泛海取平壤。可见唐朝有极强的造船能力。到了宋朝，东南各省都建立了大批官方和民间的造船工场，每年建造的船只越来越多，仅浙江宁波、温州两地就年造各类船只600艘。江西吉安船场还曾创下年产1300多艘的记录。

三是造船工艺越来越先进。唐朝舟船已采用了先进的钉接榫合的连接工艺，使船的强度大大提高。宋朝造船修船已经开始使用船坞，这比欧洲早了500年。宋代工匠还能根据船的性能和用途的不同要求，先制造出船的模型，并进而能依据画出来的船图，再进行施工。欧洲在16世纪才出现简单的船图，落后于中国三四百年。宋朝还继承并发展了南朝的车船制造工艺。车船是一种战船，船体两侧装有木叶轮，一轮叫作一车，人力踏动，船行如飞。南宋杨幺起义军使用的车船，高二三层，可载千余人，最大的有32车。在与官军作战时，杨幺起义军的车船大显了威风。古代船舶多是帆船，遇到顶风和逆水时行驶就很艰难，车船在一定程度上克服了这些困难，它是原始形态的轮船。

（四）明朝的造船业高峰

明朝时期，我国造船业的发展达到了第三个高峰。由于元朝经办以运粮为主的海运，又继承和发展了唐宋的先进造船工艺和技术，故大量建造了各类船只，其数量与质量远远超过前代。元朝初期仅水师战舰就已有17900艘。元军往往为一个战役就能一举建造几千艘战船，此外还有大量民船分散在全国各地。

元朝时，阿拉伯人的远洋航行逐渐衰落，在南洋、印度洋一带航行的几乎都是中国的四桅远洋海船。中国在航海船舶方面居于世界首位，船舶的性能远远优越于阿拉伯船。元朝造船业的大发展，为明代建造五桅战船、六桅座船、七桅粮船、八桅马船、九桅宝船创造了十分有利的条件，迎来了我国造船业的新高潮。

据一些考古的新发现和古书上的记载，明朝

时期造船的工场分布之广、规模之大、配套之全，是历史上空前的，达到了我国古代造船史上的最高水平。主要的造船场有南京龙江船场、淮南清江船场、山东北清河船场等，规模都很大。明朝造船工场有与之配套的手工业工场，加工帆篷、绳索、铁钉等零部件，还有木材、桐漆、麻类等的堆放仓库。当时造船材料的验收，以及船只的修造和交付等，也都有一套严格的管理制度。正是有了这样雄厚的造船业基础，才会有明朝的郑和七次下西洋的远航壮举。

郑和船队的宝船，大者长达 44 丈，宽 18 丈。中等船也有 37 丈长，15 丈宽。难怪有位目击者形容宝船“体势巍然，巨无与敌，篷帆锚舵，非二三百人莫能举动”。当时先进的航海和造船技术包括水密隔舱、罗盘、计程法、测探器、牵星板以及线路的记载和海图的绘制等，应有尽有。

总之，在经过秦汉时期和唐宋时期两个发展高峰以后，明朝的造船技术和工艺又有了很大的进步，登上了我国古代造船史的顶峰。明朝造船业的伟大成就，久为世界各国所称道，也是我国各族人民对世界文明的巨大贡献。只是到欧洲资本主义兴起和现代机动轮船出现以后，我国在造船业上享有的长久优势才逐渐失去。

六、造纸业的发展历程

造纸术是我国古代科学技术的四大发明之一，它与指南针，火药，印刷术一起，为我国古代文化的繁荣提供了物质技术的基础。纸的发明结束了古代简牍繁复的历史，大大地促进了文化的传播与发展。

在上古时代，主要依靠结绳记事，以后渐渐发明了文字，开始用甲骨作为书写材料。后来又利用竹片和木片以及缣帛作为书写材料。但缣帛太昂贵，竹片太笨重，都不是理想的书写材料，直到最后纸的发明。

据考证，我国西汉时已开始了纸的制作。1957 年，在西安东郊灞桥附近的一座西汉古墓中，出土了一叠纸片，有大有小，最大的有 1010 厘米，最小的有 34 厘米，米黄色，它们被称之为“灞桥纸”。经过反复科学检验，发现它主要是由大麻和少量苎麻的纤维制成的，也就是说，这是“植物纤维纸”。这座古墓最迟不晚于汉武帝时，即公元前 140—前 87 年。之后在新疆的罗布淖尔和甘肃的居延等地都发掘出了汉代的纸的残片。由此可以断定，在两千多年前，即公元前 2 世纪，我国已经生产并使用植物纤维纸了。

到东汉时期，出了位造纸技术的革新家——蔡伦，它为造纸技术的发展作出了历史性的贡献。蔡伦，字敬仲，桂阳（今湖南郴州市）人，在明帝、章帝、和帝时期做宦官。东汉章和元年（87 年），任尚方令，这是一个掌管宫廷作坊的职务，这使他有机会接触造纸行业，改革造纸工艺。后来他于元兴元年（105 年）发明了造纸术，奠定了整个传统的造纸工业。

他造的纸被称为“蔡侯纸”。在原料上，采用了树皮、麻头、破布、旧渔网等，既有利于提高纸张的质量，也降低了生产成本。特别是采用树皮作为原料之一，这是一个重要的突破，既为古代造纸开辟了更为广阔的原料来源，也开辟了现代木浆造纸的先河。对原料的处理上，可能已经有了加入石灰浆升温促烂与蒸煮等工艺。

但我们也应该看到，纸的发明虽很早，但一

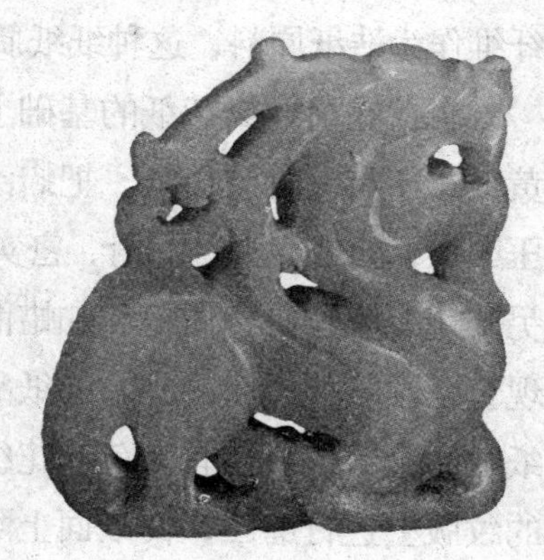

开始并没有得到广泛应用，政府文书仍是用简牍，缣帛书写的。至汉献帝时，又出了一位造纸能手——左伯，他对以往的造纸方法作了改进，进一步提高了纸张质量。他造出来的纸厚薄均匀，质地细密，色泽鲜明，其中尤以五色花笺纸、高级书信纸为上，当时人们称这种纸为“左伯纸”。可惜历史上没有把左伯所用的原料和制造方法记载下来。

魏晋南北朝时期纸广泛流传，普遍为人们所使用，造纸技术进一步提高，造纸区域也由晋以前集中在河南洛阳一带而逐渐扩散到其他地方，产量与日俱增，质量大为提高。造纸原料多样化，纸的名目繁多，如竹帘纸，纸面有明显的纹路，其纸紧薄而匀细。剡溪有以藤皮为原料的藤纸，纸质匀细光滑，洁白如玉，不留墨。东阳有鱼卵纸，又称鱼笺，柔软、光滑。江南以稻草、麦秆纤维造纸，呈黄色，质地粗糙，难以书写。北方以桑树茎皮纤维造纸，质地优良，色泽洁白，轻薄软绵，拉力强，纸纹扯断如棉丝，所以称棉纸。

为了延长纸的寿命，晋时已发明染纸新技术，即从黄檗中熬取汁液，浸染纸张，有的先写后染，有的先染后写。浸染的纸叫染潢纸，呈天然黄色，所以又叫黄麻纸。黄纸有灭虫防蛀的功能。

隋唐时期，著名的宣纸诞生了。在宣纸的主要产地安徽宣州有这么一个传说：蔡伦的徒弟孔丹，在皖南以造纸为生，他一直想制造一种特别理想的白纸，用来替师傅画像修谱。但经过许多次的试验都不能如愿以偿。一次，他在山里偶然看到有些檀树倒在山涧旁边，因年深日久，被水浸蚀得腐烂发白。后来他用这种树皮造纸，终于获得成功。由此可以断定：利用树皮制造宣纸，在唐朝时候就比较盛行了。唐代写经的硬黄纸，五代和北宋时的澄心堂纸等，都是属于熟宣纸一类。此后宣纸一直是书写、绘画不可缺少的珍品，到明清以后，中国书画几乎全用宣纸。

同时，雕版印刷术的发明，也大大刺激了造纸业的发展，造纸区域进一步扩大，名纸迭出，如益州的黄白麻纸，杭州、婺州、衢州、越州的藤纸，均州的大模纸，蒲州的薄白纸，宣州的宣纸、硬黄纸，韶州的竹笺，临州的滑薄纸。唐代各地多以瑞香皮、栈香皮、楮皮、桑皮、藤皮、木芙蓉皮、青檀皮等韧皮

纤维作为造纸原料，这种纸纸质柔韧而薄，纤维交错均匀。

唐代在前代染黄纸的基础上，又在纸上均匀涂蜡，使纸光泽莹润，人称硬黄纸。还有一种硬白纸，把蜡涂在原纸的正反两面，再用卵石或弧形的石块碾压摩擦，使纸光亮、润滑、密实、纤维均匀细致，比硬黄纸稍厚，人称硬白纸。另外还有填加矿物质粉和加蜡而成的粉蜡纸。在粉蜡纸和色纸基础上经加工出现金、银箔片或粉的光彩的纸品，称作金花纸，银花纸或金银花纸，又称冷金纸或洒金银纸。还有颜色和花纹极为考究的砑花纸，它是将纸逐幅在刻有字画的纹版上进行磨压，使纸面上隐起各种花纹，又称花帘纸或纹纸，当时四川产的砑花水纹纸鱼子笺，备受文人雅士的欢迎。另外，还出现了经过简单再加工的纸，著名的有薛涛笺、谢公十色笺等染色纸，金粟山经纸，以及各种各样的印花纸、松花纸、杂色流沙纸、彩霞金粉龙纹纸等。

五代制纸业仍继续向前发展，歙州制造的澄心堂纸，直到北宋一直被公认为是最好的纸，此纸“滑如春水，细密如蚕茧，坚韧胜蜀笺，明快比剡楮”。这种纸长者可五十尺为一幅，自首至尾匀薄如一。

宋代继承了唐和五代的造纸传统，出现了很多质地不同的纸张，纸质一般轻软、薄韧，上等纸全是江南制造，也称江东纸。纸的再利用开始于南宋，以废纸为原料再造新纸，人称还魂纸或熟还魂纸，具有省料、省时、见效快的特点。元代造纸业凋零，只在江南还勉强保持昔日的景象。

到了明代，造纸业才又兴旺发达起来，主要名品是宣纸、竹纸、宣德纸、松江潭笺。清代宣纸制造工艺进一步改进，成为家喻户晓的名纸。各地造纸大都就地取材，使用各种原料，制造的纸张名目繁多，在纸的加工技术方面，如施胶，加矾，染色，涂蜡，砑光，洒金，印花等工艺，都有进一步的发展和创新。各种笺纸再次盛行起来，在质地上推崇白纸地和淡雅的色纸地，颜色以鲜明静穆为主。康熙，乾隆时期的粉蜡笺，如描金银图案粉蜡笺、描金云龙考蜡笺、五彩描绘砑光蜡笺、印花图绘染色花笺，是三色纸上采用粉彩加蜡砑光，再用泥金或泥银画出各种图案而成。笺纸的制作在清代已达到精美绝伦的程度。

七、古代其他手工业

我国古代手工业发展历史悠久，产生了很多手工业部门，除了以上介绍的一些主要部门外，还有很多手工业部门也在古代社会生活中扮演着重要的角色，例如车辆制造、建筑、兵器、漆器、煮盐、酿酒、制糖、乐器、玉器雕刻、玩具等等，限于篇幅，仅举其中几例简单介绍一下。

（一）漆器业

用漆涂在各种器物的表面上所制成的日常器具及工艺品、美术品等，一般称为“漆器”。中国古代漆器的“漆”，是从漆树上采割下来的天然液汁，漆层在潮湿条件下干燥，固化后表面非常坚硬，有耐酸、耐碱、耐磨的特性。我们祖先制作的优美绝伦的漆器，像陶瓷、丝绸一样，是民族文化的瑰宝。

在中国，从新石器时代起就认识了漆的性能并用以制器，河姆渡遗址中曾出土过红漆碗。在战国时期，漆器业独领风骚，形成长达五个世纪的空前繁荣。据记载，庄子年轻时曾经做过管理漆业的小官。战国时漆器生产规模已经很大，被国家列入重要的经济收入，并设专人管理。漆器生产工序复杂，耗工耗时，品种繁多，用于多种用途。这时的漆器很昂贵，新兴的诸侯不再热衷于青铜器，而把兴趣转向光亮洁净、体轻、隔热、耐腐、色彩丰富的漆器，在一定程度上漆器取代了青铜器。

战国时期在漆器史上是一个有重大发展的时期，器物品种及数量大增，在胎骨做法、造型及装饰技法上均有创新，出现了采用夹纻技术的精巧漆器。

秦汉漆器工艺基本上继承了战国的风格，但有新的发展，生产规模更大，产地分布更广。同时，还开创了新的工艺技法，如多彩、针刻、铜扣、贴金片、玳瑁片、镶嵌、堆漆等多种装饰手法。

魏晋、南北朝发明“脱胎”漆器：先用泥制成底胎，外面缠绕细绳或麻布，布胎上涂漆彩绘进行装饰，干燥后捣去泥胎便成为中空的纯漆制品，质轻耐腐，常用以造大型塑像或花瓶等。

唐代漆器达到了空前的水平，有用稠漆堆塑而成的凸起花纹的雕漆；有用贝壳裁切成物象，上施线雕，在漆面上镶嵌成纹的螺钢器；有用金、银花片镶嵌而成的金银平脱器。工艺超越前代，精妙绝伦，成为代表唐代风格的一种工艺品。

宋元时，剔红又叫“雕红”，刀法圆熟，打磨细腻，颜色鲜艳，图画逼真。浙江嘉兴的张成、杨茂二家雕红在元代最为著名，新创了“创金”法，在漆底上刻好花纹图案，再填入金银粉，压打磨光后，显示出不同于金银平脱的独特的光彩，嘉兴彭君宝以此著称。

明代设御用漆器作坊——果园厂，产品齐全，制作精致，新发展混金、贴金等技法。南京设漆园，植漆树千万株。

清代嘉庆、道光年间扬州漆器名噪一时，漆工卢葵生最著名，有镶嵌、雕刻、造像等作品传世。晚清生产逐渐没落，许多技法失传。

中国古代漆器及技术很早就流至国外，不单亚洲，连欧洲也吸收中国风格而形成混合的“罗可可”艺术风格。发达的漆器生产和卓绝的工艺技法显示了中国古代人民在化学工艺和工艺美术方面高超的智慧和杰出的创造才能。

（二）制盐业

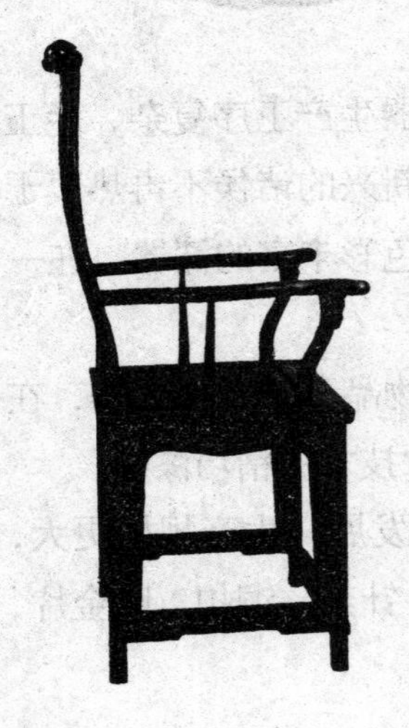

我国有着悠久的制盐史，是产盐最早的国家，制盐业在古代是十分重要的手工业生产部门。

早在春秋时期，齐国的海盐煮造业与晋国河东池盐煮造业已相当兴盛，当时河东的盐池被人们视作“国之宝”。到了战国时代，煮盐业规模进一步扩大，除齐国外，燕国也成为著名产盐区。魏国的河东池盐煮造业也更为发达，行销范围进一步扩大。与此同时，秦吞并巴蜀后，李冰做蜀郡守时，四川的井盐也已经开始开发。

汉代的盐包括海盐、池盐、井盐、岩盐数种。沿海

地区以海盐为主，东南沿海是海盐的生产基地，尤其是山东地区。山西地区产池盐、四川则有井盐、岩盐的生产。制盐的方法分煮与晒两种。煮盐法是将咸水蒸浓煎制而成，是最普遍的制盐法，其生产工具是铁制牢盆。晒盐法是借日光热能将咸水蒸发生产出食盐。在四川的井盐生产中先凿井取卤，然后设灶煎制，当时因四川天然气被发现，人们已经把天然气用于煮盐，这在生产技术上是一个进步。

据宋应星的《天工开物》记载，明朝时晒盐技术取代了煮盐技术，书中还有很多关于井盐的生产技术和器具的记载。

自春秋战国时期管仲出任齐相起，我国开始实行盐铁专卖制度。到秦朝和西汉初年，盐铁专卖实际上是废除了。汉初制盐业主要由私人经营，生产规模很大，往往一家盐场用工多达上千人，许多盐商富比公侯。汉武帝时期，禁止私营，执行政府垄断食盐产销的政策，在全国产盐的郡县设置了盐官，负责盐的专卖。具体办法是盐民自行煮盐，官府提供制盐工具，产品由官府作价收购实行专卖。后来盐业政策屡有变化，中央政府基本上对盐业采取放任政策，允许民间自行煮盐出售，官府仅收取一定盐税。因此汉代盐业私营一直十分发达。

东汉时取消盐铁专卖，实行征税制。三国、两晋时注重专卖，南北朝时征税制复起。隋至唐前期，取消盐的专税，和其他商品一样收市税。唐安史之乱后，财政困难，盐专卖又开始实行。此后历朝历代，都加强了盐专卖。盐，一直是历代封建政府牢牢掌握的最重要的专卖商品，其收入是历代政府的重要财源。

（三）酿酒业

我国酿酒的历史十分悠久，可以追溯到新石器时代中期以前。大汶口遗址出土高柄陶酒杯、滤酒缸，仰韶遗址发掘了小口圆肩小底瓮、尖底瓶、细颈壶等酒具都证明了这一点。

夏代酿酒技术有了进一步发展，出现了两位酿酒大师，一是夏禹时期的仪

狄，一是第七代君主少康，他发明了秫酒。二里头遗址随葬陶器中占比例最大的是酒器，其次才是炊器和食器，可见酒在夏代人生活中的地位和作用。

商代酿酒业十分发达，青铜礼器上也体现出了重酒的倾向。1973年，河北的商代遗址中，发现了商代酿酒的作坊、酒器。河南罗山天湖晚商息族墓葬则出土了一密封良好的青铜卣，内装古酒，历经几千年，依然带有果香气味。

周朝酒的品种丰富，《周礼·酒正》提到的饮料，有四饮，五齐，三酒；《礼记》中也记载有醴酒、澄酒、粢堤、清酌等等。

战国时代，楚国酒风十分昌盛。1974年在河北平山县战国中山王墓中发掘出两壶战国时代有名的“中山清酤”酒，经专家化验，含有乙醇、脂肪、糖等十三种成分，距今约2200多年，是当今世界上发现最古老的酒之一。

汉魏南北朝是我国酒业发展的一个重要阶段，这时期酒业迅速发展，开始懂得使用酒曲造酒，酿酒工艺大为改进，酒的度数提高了，酒的品种也迅速增多。时人还认识到了酒的药用功能。

唐宋酒业，在前人的基础上不断创新与改进，制曲技术、酿造技术在理论上和工艺上都有了很大突破，出现了《北山酒经》，这是继《齐民要术》之后最有价值的酿酒著作。1975年12月，在河北省青龙县土门子乡，发掘了一套金代黄铜蒸馏器，俗称“烧酒锅”，敦煌壁画中也有西夏时期酿酒蒸馏图，这都反映了宋代已经掌握了蒸馏酒的技术。元酒的一大贡献则是推广了烧酒。

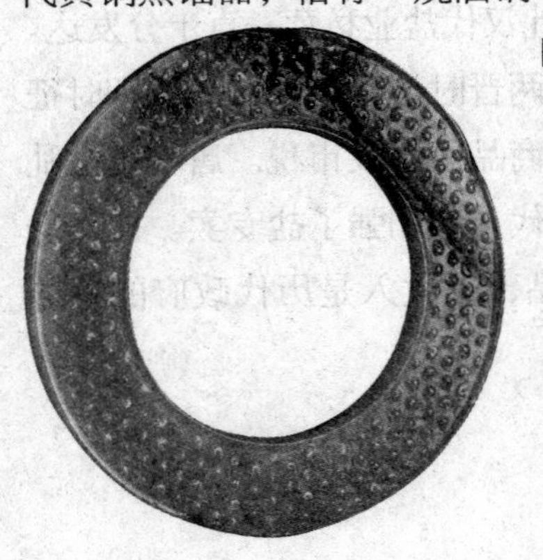

明清酒业在制曲技术之高、酿酒技术之精、规模之大、品类之众、理论总结之全面而系统方面，大大超过了历代。明清时代，我国酿酒已经形成了南酒、北酒两大体系，各有特色和名酒。南酒是南方风味酒，尤以江、浙、皖一代最为有名，明清南酒主要是以绍兴酒为首的黄酒系统；北酒以京、冀、晋、鲁、豫、陕等产地为佳，明清北酒虽然也有米酒，但以烧酒为代表。

八、手工业著作

战国时期，我国出现了一部手工业技术专著——《考工记》，它对整个先秦时期的手工业生产技术进行了汇集、提炼、总结，并为接下来的手工业生产提供了指导、规范和推进。由于统治阶级长期的重农抑商政策，知识分子重经书、科举，轻视实践、技术，此后2000余年竟然再也没有出现一部系统论述手工业的专著。直到1636年，明朝宋应星写出了《天工开物》，才填补了科技史上的空白。清代，由于文化专制主义等原因，不再有重要的科技专著出现。因此，这两本书就成了中国封建社会手工业专著中仅有的双璧。

（一）《考工记》

我国古代的手工业虽然在整个社会中所占的比重不大，但是它产生的效益极大。手工业要求的科技含量特别高，勤劳智慧的中华民族尤其擅长这一行业。从原始社会到战国时期，他们掌握了高超精湛的技艺，创造了辉煌的成就，而《考工记》的出现就是这一时期成就的标志。

《考工记》原是战国时期一部独立的手工业专著。现在大多数学者认为它是一部齐国政府制定的指导、监督和考核官府手工业、工匠劳动制度的书。该书主体内容编纂于春秋末至战国初，部分内容补于战国中晚期。汉代因为《周礼》缺了《冬官》部分，河间献王刘德便取了《考工记》补作《冬官》，故《考工记》又称《周礼·考工记》。

《考工记》篇幅并不长，但记载的范围非常广。全文约7000多字，记述了木工、金工、皮革工、染色工、玉工、陶工等6大类，30个工种，其中6种已失传，后又衍生出1种，实存25个工种的内容。书中分别介绍了车舆、宫室、兵器以及礼乐之器等的制作工艺和检验方法，涉及数学、力学、声学、冶金学、建筑学等方面的知识和经验总结。清代学者戴震著有《考工记图》、程瑶田著有《考工创物小记》等有关研究著作。

《考工记》一定程度上反映了先秦时期人们的思想观念，在中国科技史、工艺美术史和文化史上都占有重要地位。

（二）《天工开物》

《天工开物》是世界上第一部关于农业和手工业生产的综合性科学技术著作，作者是明朝科学家宋应星。它对中国古代的各项技术进行了系统的总结，构成了一个完整的科学技术体系。

《天工开物》的书名取自《易·系辞》中“天工人其代之”及“开物成务”。全书内容按照“贵五谷而贱金玉”的顺序编排，分上、中、下三卷，又细分作十八卷。全书详细叙述了各种农作物和工业原料的种类、产地、生产技术和工艺装备以及一些生产组织经验，既有大量确切的数据，又绘制了123幅插图。上卷记载了谷物豆麻的栽培和加工方法，蚕丝棉苎的纺织和染色技术以及制盐、制糖工艺。中卷内容包括砖瓦、陶瓷的制作，车船的建造，金属的铸锻，煤炭、石灰、硫磺、白矾的开采和烧制以及榨油、造纸方法等。下卷记述金属矿物的开采和冶炼，兵器的制造，颜料、酒曲的生产以及珠玉的采集加工等。

《天工开物》具有珍贵的历史价值和科学价值。如在“五金”卷中，宋应星是世界上第一个科学地论述锌和铜锌合金（黄铜）的科学家。他明确指出，锌是一种新金属，并且首次记载了它的冶炼方法。这是我国古代金属冶炼史上的重要成就之一，它使中国在很长一段时间里成为世界上唯一能大规模炼锌的国家。宋应星记载的用金属锌代替锌化合物（炉甘石）炼制黄铜的方法，是人类历史上用铜和锌两种金属直接熔融而得黄铜的最早记录。

在生物学方面，他在《天工开物》中记录了农民培育水稻、大麦新品种的事例，研究了土壤、气候、栽培方法对作物品种变化的影响，又注意到不同品种蚕蛾杂交引起变异的情况，说明通过人为的努力，可以改变动植物的品种特性，把我国古代科学家关于生态变异的认识推进了一步，为人工培育新品种提出了理论根据。

《天工开物》出版发行后在国内一直没有引起关注，甚至因为清朝文字狱而一度接近失传。但是“墙内开花墙外香”，《天工开物》先是在17世纪末传入日本，在日本的学界大受欢迎，形成了一门“开物之学”，后传入朝鲜和欧洲，广受关注，各种文字的《天工开物》译本十分流行，被国外学者公认为“中国17世纪的工艺百科全书”，宋应星也被称为中国的“狄德罗”。

三百六十行

"三百六十行，行行出状元"。所谓"三百六十行"，即是指各行各业的行当，也就是社会工种统称。古代的行业，有的一脉相承地发展至今，如农业、采煤业、笔业、墨业等等；有的则在旧有行业基础上注入了新的历史内容后重新存在。三百六十行，可谓行行有渊源，本书将从行业简介及其文化渊源和奇闻轶事等方面对三百六十行进行简要的整理。

一、手工制造类

（一）木匠

清代蒲松龄曾写过《木匠》一诗：“木匠祖师是鲁班，家伙学成载一船。斧凿铲钻寻常用，曲尺墨斗有师传。”

凡用木料做物器的人都叫木匠，包括木工、木雕、锯木、铁木轮造车等工匠，是旧时中国最为普遍而古老的工匠之一。木匠的祖师爷是鲁班，鲁班是春秋时鲁国人，本名公输般，是传说中的能工巧匠，《吕氏春秋·慎大览》中曾说：“公输班，天下之巧工也。”先秦和汉初文献中记载了他的许多发明创造，如云梯、木鸢、机封、铺首、战船、机车、磨、碾、钻等生产工具和武器。

很多行业都敬奉鲁班，只不过是各行各业都强调与本行业有关的鲁班事迹。而木匠奉鲁班为祖师，是因为他发明了木匠的工具——规矩准绳。

（二）搭棚业

搭棚业也叫棚行。按用途分，棚可分为喜棚、丧棚、凉棚、冰棚等，按搭棚用料不同则可分为席棚、布棚等。

春秋时期，鲁班为楚国攻打宋国而发明了云梯，并向士兵们传授了“猴爬竿”之术，而棚匠搭棚要登高干活，因此必须学会“猴爬竿”，要身手利落，像猴子一样。因此，搭棚业也奉鲁班为先师。北京棚行公会祭祀鲁班的殿前有一副对联：“心聪明且需正直；有规矩能成方圆。”

另外，据说鲁班的四徒弟为棚匠，向鲁班讨艺时只遇到了鲁班的女儿鲁兰，

鲁兰正在纳鞋底，不小心弄弯了针，便把那针丢给了棚匠，而弯针从此便成为棚匠得心应手的工具。

广东的搭棚业供奉着巢氏、鲁班、华光三位祖师，意思是要求棚匠具有巢氏的搭架技艺；鲁班的规矩方圆；并且还要上下左右兼顾，像华光一样眼看八方。还有的搭棚匠供奉的是蜘蛛，意思是他们搭棚要像蜘蛛结网一般灵活。

（三）扎彩业

旧时的宫廷和民间办红白喜事布置场面时，大多张灯结彩。扎彩业就是为他们搭彩殿、彩牌楼、彩亭，在轿子、马车、汽车上挂彩绸等等。

扎彩业与搭棚业相近，如搭彩牌楼时，牌楼架要由棚架搭做，因此，扎彩业也奉鲁班为祖师。而那些五颜六色的彩活才由彩子匠承做，大概因为扎彩这样的活需要艺术性，于是也有奉唐代大画家吴道子为祖师的。

旧时，有钱人家死了人，开奠前后又要“搭天花”、又要“挂宫灯”，非常热闹，而这也是扎彩匠们最繁忙的时候。“搭天花”就是用杉木和粗竹竿搭起比屋檐还高的架子，上面铺上一匹匹白布，棚内两侧挂上素色宫灯以及用各种颜色的粗线绣织而成的大型戏文帐幔再配上亲友们送的祭幛、挽联、花圈等。过去一些“搭天花”的熟练工匠都身手不凡，有的搭架盖布时都是站在梯子上进行“高空作业”，还有的可以像走高跷一般移动梯子，像杂技艺人一样随心所欲地驾驭着梯子走来走去。

扎彩业以北京最负盛名，著名的有京彩局。

（四）编织业

编织业按原料分主要包括竹编、藤编、草编、麦秆、秫秸等手工业。

成语中“有眼不识泰山”的泰山就是一个编织匠。泰山起初跟鲁班学木匠，但他不专心，总偷跑到竹林劈篾练习编织。鲁班看他不长进，就不让他再跟自

己学艺。由于对编织感兴趣，泰山自己钻研，最后成了一个出色的篾匠，做出的竹制品比木制品还精致。鲁班知道了他当初不专心学木艺是为了学习竹篾手艺后便说：“我真是有眼不识泰山。”

三国时的刘备，也熟谙编织。湖南益阳有个叫沈知进的人在竹林砍柴时，刘备特来告诉他说：“你屋后的水竹可破成篾，织成篾垫。”刘备还教他破篾的方法，沈知进用这种方法织出了名满天下的益阳水竹凉席。

（五）粗纸箬叶业与棕制品业

箬叶即箬竹之叶，可用作包物、编织，如可以用来封酒坛、做箬帽、箬席等。浙江武义县等地多从事粗纸箬叶业这行。该行供奉的天曹福主叫恽子厚，是浙江桐庐人，三国时曾任吴国黄门侍郎征寇将军，卦余杭侯。传说他有仙术，能驱鬼使神，曾经在余杭不借其他人力一晚上就筑起九里塘。

棕制品业主要是用棕毛制作棕绳、棕绷、地毡、毛刷、蓑衣等棕制品。因棕绳、棕绷与伏羲曾教先民的结网相似，因此棕绳铺、棕匠大多奉伏羲为祖师。

（六）伞业

伞业中以福州的纸伞最负盛名。据香港《文汇报》报道，1982 年 8 月 22 日，英国女皇在香港公开露面时，手中就撑着一把精巧别致的福州纸伞。唐宋以来，福州逐渐成为中国重要的外贸港口，那些总是出境的人便把福州伞带到了国外，如东洋日本等地。福州伞业便日益发达，清代福州的伞店就有百家以上。福州有个名词叫做“包袱伞”，因为福州人觉得包袱中少不得伞，雨伞是出门的必备品。

据说伞的发明者是鲁班的妻子云氏。云氏给在外做工的丈夫及工匠们送饭时，看到他们都在冒雨干活，便想做一个遮雨的工具。起初，她采回藤条为他们编成了一个大斗笠。后来，鲁班为了让人们出门可以躲雨，便带着工匠们每隔十

里造一个歇脚亭。云氏觉得亭子可以歇脚，但人不能走动，她便用竹子做骨架，扎成小亭子的样子，又糊上油纸，雨伞就这样做成了。

在台湾，制伞业则奉女娲为祖师，他们认为天漏才会下雨，女娲补天和人们制伞一样都是为了防雨。

（七）制扇业

在我国，扇子历史悠久。北宋以前，主要有羽毛做的羽扇和丝绢做的纨扇。在历史记载中，那些军师一类的智囊人物往往会摇着鹅毛扇，如苏东坡描写三国时周瑜的打扮就是“羽扇纶巾”，谋略万千的诸葛亮，也总是手摇羽扇。纨扇则是名媛淑女手中的饰物。

北宋时期，开始出现纸糊的折扇，又称腰扇或聚头扇，直到明代永乐年间，由于明成祖的提倡才开始盛行于中国，尤其受文人雅士的青睐。此时的扇骨为竹制，以湘妃竹为上品，此外也有象牙、乌木、玳瑁、紫檀、红木等。扇骨上常常镂刻书画，如明代濮仲谦镂刻的扇骨，当时就价值不菲。扇面上常常以山水人物、花鸟虫鱼为图，以名家的为贵。许多名家都愿意在扇上挥翰泼墨，于是还形成了一种新的艺术形式——扇画。

相传潮州产有一种纸扇叫作潮扇，扇骨用许多纤细的竹条编成，两面糊上皮纸，像一个倒放的梨，很轻，却又很结实。除了以上几种扇子外，民间还常见竹扇、蒲扇等，这些主要用来夏天退暑去热。

至于制扇名处，自古有“杭州雅扇”之誉。南宋以来，杭州清河坊以东便形成了一条扇子作坊和扇子铺云集的扇子巷，据说有二里长。杭州的扇业敬奉齐纨，不是人名，而是周代齐国出产的白绢。

（八）风筝业

风筝也叫“鹞”“鸢”。鲁班曾发明过木鸢，即“削竹为鹊，成而飞之，三日不下”。后来木头变成了竹子、纸、绢等原材料，名称也演变为前述几种。早

期的风筝，多用于军事，如梁武帝萧衍被侯景叛军围在南京台城，就用风筝送出了救援书。唐以后，风筝逐渐变为娱乐的玩具。五代时，李邺曾在宫中玩纸鸢，并装上响笛，风一吹便会发出类似古筝的声音，风筝由此而得名。

到了宋代，放风筝成了一种流行的竞技项目，往往在春季进行。明清之际才出现专门扎风筝的行当，大多工艺精致，或以扎艺取胜，或因其彩绘出众。造型也千姿百态，如有的似蜈蚣，长达十几节，还有一种人形风筝，上面绘有戏曲人物和神话故事等。另外，还有木版印制的风筝，如南京木版印刷的风筝仅红黑两色，结构简单而风格雄浑；还有天津杨柳青的木版印制风筝，以自然饱满、色彩鲜艳的特点在1914年的巴拿马博览会上获奖。

（九）丝织业

丝织品的生产有三个过程，即养蚕、缫丝及织造，整个过程以前都是由蚕农完成，后来才逐渐分离出专门从事织造缫丝的丝织业。丝织业有祭织女的习俗。相传织女住在天河的东面，夜以继日地纺织天衣。天帝怜惜她独居孤单，便准许她嫁给天河西面的牛郎。织女嫁后便废弃了纺织，天帝大怒，责令其回到天河东面继续纺织，只允许其与牛郎每年七月七日见一面。

丝织业是一个很讲究的行业，要生产出上等的丝织品，养蚕、缫丝及织造，每一个环节都要有严谨的技术。江宁、苏州和杭州三个城市的丝织品闻名于世，明清时分别在这三个城市设有隶属于内务府的织造局，史称“江南三织造”，官员由皇帝亲自委派。织造衙门的公开任务是供应宫廷中皇帝及后宫后妃、皇子、公主等的衣服和各种礼服，以及皇帝赏给臣子的缎匹等。这些花色、品种、规格、图案繁多而有定式的服饰，大多都是在织造衙门直接监管下制作的。

（十）棉纺业

在松江等地，流传着这样一则民谣：黄婆婆，黄婆婆，教我纱、教我布，两只筒子两匹布。这里说的黄婆婆就是棉纺业的祖师黄道婆。

黄道婆是元代松江吴泥镇人，原名黄小姑，是个童养媳，为了躲避公婆的虐待，便逃到一艘货船上流落到海南。在那里，她跟崖州的黎族人学习了纺织技术。回到故乡后，她便教故乡人民做纺织的工具，并传授给他们错纱配色、综线挈花的技术。

黄道婆将纺织技术普及后，元明清时代，松江、上海、嘉定、太仓等地的棉纺织业迅速发展起来，所谓的“松郡之布，衣被天下”说的就是这些地方。

（十一）毛麻

汉代以前，人们使用的毛织物主要是麻和丝的组合。而由晋到南宋这一阶段，开始用毛麻两种原料进行组合。宋以后，真正的毛织物才出现，即用毛和线两种原料编织而成。

到明代，毛织物，尤其是毛毯的编织技术达到了精湛的水平。明成祖迁都北京后，所有的殿室都铺上了毛毯，而那些达官贵人也都以此为风尚，在室内地上铺毛毯。这样，毛毯产量便大增，工艺水平也较以前有所提高。

在众多毛毯产地中，北京、宁夏、西藏所产的最为有名。北京所产毛毯主要供皇室使用，织工精湛，色彩明丽；宁夏毛毯的质地优良，其得天独厚的地理条件，加上工匠极高的手艺，宁夏生产的提花毯，便无处可及；藏地毛毯则是以色彩取胜，特别是藏毯的红花，光泽奇绝明亮，艳丽动人，甚至有传说称藏毯是用犀牛之毛织成，用猩猩之血染就，足见其特殊的美丽。

（十二）裁缝

裁缝，是为人剪裁、缝制衣服的匠人。裁缝的尺子被称为“轩辕尺”，因为据说轩辕黄帝是服装的发明者。轩辕小时候自己在山洞里闲得无聊，就用石片磨成刀，把兽骨磨成针，用兽筋作线，把兽皮一件件缝起来，做成了最早的服装。

上到统治者穿着的绣有龙和山的华衣、富贵人的云锦霓裳，下到贫苦穷人穿着的又短又粗的麻布衣，都是出自裁缝之手，可以说没有人能不享受裁缝的劳动成果。而做个好裁缝，不能光有好手艺。清嘉庆年间，京城有个裁缝所做的衣服长短宽窄无不合适，常常有朝廷的官员来请他裁制官服。有人问他缘由，他说："当官的人刚居要职时，则心高气盛，身体微仰，此时的衣服需前面长后面短；半年后，其意气微平，这时的衣服要前后一样长；如果做官很久的，就容易点头哈腰，衣服就要前面短后面长了。因此，要做出与官员相称的衣服，先要知道其官龄才行。"

（十三）刺绣

封建社会压迫妇女，要求妇女有三从四德，其中的四德包括：妇德、妇言、妇容、妇功，其中的妇功就是纺织、缝纫、刺绣等手艺，即女红，又名刺绣，还有针黹。可见刺绣是封建社会女子的"必修课"，来源于传统的闺阁艺术。

山东泉州有句民谣："冬丝娘，冬丝娘，教咱织带，教咱绣花，教咱织带好滚边，教咱绣花好挣钱。"冬丝娘是个刺绣能手，她曾为绣好杨梅花而在元宵节里去仔细观察，结果不慎掉进粪池死去，因此人们又称其为厕姑。每年元宵节，泉州姑娘都要向冬丝娘祈求巧手。

历史上，仅有两人因刺绣被尊为"针神"，一是三国时代魏国的薛灵芝，王嘉在《拾遗记》中说她"夜来妙于针工"，另一位是清末江苏吴县人沈寿。沈寿绣艺精湛，曾受清廷派遣，到日本考察刺绣艺术，还曾因精心绣制意大利皇后像，获多项世界殊荣。另外，她还口授女红经验，被记录整理成一部内容全面、通俗易懂的刺绣理论著作——《雪宧绣谱》，1919年由翰墨林印书局出版，成为我国刺绣史上第一部叙述刺绣工艺的专著。

（十四）圆金扁金业

丝织、刺绣、丝带、装饰以及古时装裱书画常用到金线，金线分为圆金、扁金两种。圆金用丝线

作芯，外面包上金箔，而扁金不用线，直接将金箔切成细条，织在丝绸中。圆金扁金业就是制作金线的行当。

（十五）冥衣冥器业

在中国，人死后的丧葬之礼是必须具备的。由此便出现了寿衣寿材、丧服、冥品等行业，冥器行就是出售丧葬用品的。如：

冥衣，即寿衣，古时有除内衣外要给死者穿上全新的三套衣服的习俗，称“三称”，而后又有穿十九套新衣的习俗。

幎目，是给死者套在眼睛上的布罩。

冥衾，是死者盖的被子。

铭旌，指灵柩前的旗幡，用绛帛粉书而成。

买地券，是死者在阴间买地的凭证，一般刻在砖石上，也有铁铸的。

纸钱，用锡纸、金纸或黄纸折成元宝、银锭形状，烧给死者，供其在阴间使用。有的也用黄纸剪成钱的形状，另外还有冥钞，即按钞票样式印制的冥币。

俑，宋以前用陶俑、木俑、石俑，多为武士、官员、兵马、侍女等。汉以后出现大量压胜神物，如人首鱼身的“仪鱼”，蛇体双人首的“墓龙”等，元明清时则代之以纸人、纸马、纸房子。

（十六）帽业

帽子最早的形态是皇帝的冠冕。在古代是权力和地位的象征，冠只有贵族才有，平民只能戴头巾。

我国帽业以古都南京最为有名，其以“一缎二帽”闻名于世，最早的同行会就是“扇帽公会”。南京帽业的黄金时代为1938到1945年，当时的帽子品种很多，如：瓜皮帽、女帽、草帽、防雨帽、童帽、套帽、呢帽、解放帽、僧帽、道帽、戏帽、学生帽、军帽、童子军帽等等。40年代中期，南京帽业汇聚在建邺区的两街上，一条是生产传统帽子集聚点马巷，另一条则是昇州路。

（十七）网巾与帽绫

网巾是一种束发用的网罩，用黑色细绳、棕丝或马尾编织而成。过去在汉人中并不使用，一次明太祖朱元璋看见一个道士织网巾，觉得那个东西很实用，便命道士织网巾颁布天下，让人无论贵贱都可以裹上它。

帽绫业是生产以绸缎为质地的帽子和鞋的行业，广东佛山帽绫业认为张骞是祖师，认为这来源于张骞从西域带回来的纺织技术。

（十八）靴鞋业

靴鞋业包括靴匠、鞋匠、皮匠等制鞋、修鞋、卖鞋的行业。

靴鞋业的祖师是战国时军事家孙膑。孙膑被庞涓陷害失去双脚后，楚国向齐国献了两条怪鱼，只有孙膑识得是弱水河出的靴鱼，并说这种鱼能用网取、不能用钩钓，要取此鱼，手拍三下，口叫三声，它自己就会跳出来。旁人一试，果然如此，但死了一条。孙膑因为双脚被砍、行动不便，便把死的那条靴鱼留下，并叫皮匠照鱼的样子做了另外一只穿在了脚上。

古人的鞋又叫履，分为麻履、皮履等。麻履用麻绳编织而成，皮履是由皮做成的。

钉鞋据说是大禹发明的，他去治水时，爬山费力，他便用铁做成椎头，钉在鞋底，伸出半寸来，上山时就方便多了。

（十九）绦带业

古代服装和器具上都有丝编织成的绳或带子，如裙绦、儒绦、印绶、结挂、

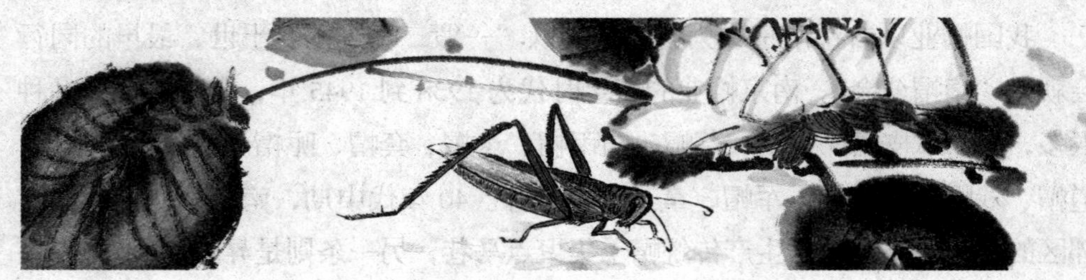

头绳等，统称绦带，有的用来装饰，有的用来束缚东西。传说绦带业的祖师是哪吒，哪吒与龙王三太子大战时，三太子不敌哪吒，哪吒便抽了他的龙筋，做一条龙筋绦用来给他父亲束甲。

象征“永结同心”的同心结就是彩缎编织的绦带之一。同心结常出现在婚仪上，它是牵巾、合髻、喝交杯酒的主要道具。不仅如此，其更多地还是出现在古时人们的日常生活中，如人们常将腰带的结打成“同心结”的样式，以表达对白头偕老、永结同心的爱情生活的向往和追求。

（二十）针业

“铁杵磨成针”，一点不假。做针，先要把铁锤成细条，然后在铁尺上钻个小孔做线眼，细铁条从小孔中抽过，便成了铁线，再将铁线一寸寸剪断就成了针坯。把针坯的一端挫尖，另一端用小锤敲扁，用硬锥钻出针鼻，再把针的周围挫平，放锅里用慢火炒。炒后，用泥沙、松木炭和豆豉遮盖，下面再用火蒸。等到火候够了，开封再经过淬火，针便做成了。一般缝衣和刺绣的针都是这种做法，而做帽子时要用一种“柳条软针”，这种针的做法与前两者的区别在于淬火方法。

“针祖”是五代时的道士刘海，传说刘海戏金蟾时有个“线过金钱眼”的动作，据说这就是穿针引线的来源，并且相传缝纫用针和针灸用针都是刘海所造。

（二十一）梳篦业

梳篦业包括木梳业和篦箕业。木梳是齿较为宽疏的木制梳头用具，篦箕是竹制的齿较为紧密的梳头用具。

梳篦之乡为江苏常州，古名延陵，自古有“梳篦世家延陵地”之说。据说梳篦业的祖师是黄帝时代的巧手匠人赫连，当时披头散发的乡亲们请他做一个

梳头的工具，他就按手指叉开的形状做了个简单的“五指梳”，后来赫连被杀，一个叫皇甫的人继承和发展了他的技艺，做出了更好的木梳。

福州角梳也是历史悠久的传统工艺品，它与雨伞、漆器一起被称为“福州三宝”。角梳制作选料严格，只选质地坚实、不易弯裂、不伤皮肤的水牛角，工艺和质量也十分讲究，还有专门的工匠对其进行雕琢和修饰。

（二十二）香业

香烛业分为香业和烛业。

古代烧香多用于礼神，除此之外，还可以辟瘟、防虫邪。并且古人对香料的需求也极普遍，居家和外出都要焚香、佩香，因此旧时的香料铺子遍及大街小巷，所售品种极为丰富。其中焚香有香面、香条、香饼、香篆等，佩香有香珠、香扳指、香球、香囊等等。香料种类也多种多样，主要有伽南香、沉香、角香、兰香、龙涎香等等。除香料外，香料行还出售焚香用具，称为炉瓶三事，即香炉、香盒、筯瓶。

（二十三）灯烛业

古代灯烛是日常的照明用具，与百姓的生活息息相关，因此灯烛行在大小城市随处可见。并且，古代还有上元节赏灯的习俗，所以灯烛行除了供应一般日常照明的灯烛外，还制造各种各样精美的彩灯，作观赏用。其中比较著名的有福州灯、新安灯、珠子灯、苏灯、马骑灯、牛角灯、宫灯、孔明灯等等。

灯烛在古代除了照明、观赏作用外，还有用来寓意人生的习俗，如过去“人生三大烛”，人出生时要点蜡烛以示庆贺，“洞房花烛夜”时要点上花烛，人去世也要掌大烛。

（二十四）香蜡业

古代的蜡有荤、素之分，荤蜡用于日常点灯照

明，素蜡则用于供佛祈神，这两种蜡一般分开出售。经营荤蜡的叫蜡铺，又叫灯烛铺；经营素蜡的一般同时售香，称为香蜡铺，有的还兼营胰皂、香料及化妆品，因此也称为香料铺。

两种铺子的幌子也不同。荤蜡铺门口的是用木头制成的一根一尺多长的蜡烛模型，白杆红头，自上而下连成一串，挂在门前屋檐下。香蜡铺的幌子有两种，一种也是木制蜡形，倒挂在屋檐下的横梁上；另一种是二尺多长的雕花木制十字架，其四端和中心分别垂着五串三寸大小的木制雕花物，每串十个，每隔五个再放一个十字架加以支托。

此外，到香蜡铺的顾客还要遵守两个规矩：一是不说“买”而叫“请香”“请蜡”，以显示对神佛的尊敬和自己的虔诚；二是香蜡铺中不可讨价还价，因为在敬神的物品上不宜斤斤计较，以防神祖公怪罪其心不诚。

（二十五）钟表业

钟表是从西方传入的，明代时意大利耶稣会传教士利马窦先后将自鸣钟献给了广东肇庆总督和神宗皇帝。

我国出现的最早“钟表”是西汉时的漏壶。漏壶是铜制的挈壶，壶底侧有出水口，壶盖上开有小孔，标尺由此插入，壶中的水外漏后，标尺便逐渐下降，从而读出尺上的时间刻度。刻漏记时是将一昼夜平均分为一百等分，因此刻漏制也常常称为百刻记时制。

（二十六）算盘业

传说春秋时鲁国国君让孔子算账，他总算不清楚，他的妻子便让他用绳穿上珠子来记数，这样就能算清楚账了，后人便根据这一原理发明了算盘。因此，有孔子是算盘业祖师的说法。

算盘的用处极多，因此这行的工人也很多。南方的算盘做工精良，而北方所产的则较为粗糙。

（二十七）度量衡业

度量衡业是制作尺、斗、秤等度量工具的行业。这一行业奉三皇，即黄帝、伏羲、神农为祖师。因为他们最早建立了市场进行交易，为便于交易便发明了用来计量的度量衡。

度是用来测长短的器具，量用来测大小，衡则用来测轻重。古代的长度、大小、重量等规格最初是人们约定俗成的，秦始皇统一法律、货币和文字的同时，也第一次统一了长短、大小、轻重的度量标准。中国历代有多次统一度量衡的举措，都没有完全统一过，直至清末还有过一次统一度量衡的举措。

古代的度量衡器有：测轻重用的权，测长短用的尺，测大小多少用的量器斗、区、缶、钟、钫等等。

（二十八）皮革与皮箱业

皮革业是以牛、马、羊等动物的皮为原料，制成做鞋用或做衣服用的皮制品以及鞍鞴、车马挽具等。其中将生皮板用硝处理，制成柔软的熟皮这道工序有时会独立为硝皮业。据说是商纣王的武臣黄飞虎发明了熟羊皮的制法，因此他被奉为皮革业祖师。

北京的皮箱行有祖师庙，庙内的碑上写着：“我皮箱行工艺，乃我始祖公输先师创造。后辈徒孙赖以糊口，流传至今……”由此可知，皮箱行也是鲁班所传。

（二十九）玻璃业

有人认为玻璃是由国外传入的，其实，最迟在西周时期，中国人就开始掌握了玻璃制造技术。战国至秦汉时期，玻璃品种不断增加，色彩丰富华丽，除了蓝、绿、翠绿、黑色等单色玻璃外，还有俗称“蜻蜓眼”的

多彩珠。明清时期，北京、广州和山东淄川县颜神镇成为玻璃生产中心。当时，北京的清宫玻璃厂已能生产出透明玻璃和颜色多达十五种以上的单色不透明玻璃，还创制了两色和三色套料，其生产的玻璃宫灯也很有名。

据说玻璃业的祖师是王莽新朝时期的绿林好汉六毒大王。一次，其军队在野外埋锅做饭，吃完后发现架锅的石头竟光泽透明，他便派人继续烧炼这种石头，结果练出了玻璃。

（三十）玉器业

玉器业又称琢玉业、碾玉业。传说过去幽州即今北京一带土地贫瘠，人民贫困，道士邱处机便以点石成玉的方法教当地百姓制玉。从此，玉器业成了幽州首屈一指的行业。元朝建都后，邱处机定居白云观，他又挑选贫苦人家子弟教他们制玉的技艺。因此，玉器业奉白云观主人邱处机为祖师，并且玉器业与白云观道士关系特别好。道士们见到玉器匠人都口称师兄，因邱处机当年是先收玉行徒弟，后收的道门徒弟。

实际上，玉都是藏在石中的，其外皮称为玉皮，可用来制作砚台和托座等。石中的玉，在没有被剖露出来时像棉絮一样软，剖露出来就已变硬，见了风尘就更硬。剖玉时要用铁的圆盘，还要有专用的泉眼里流出的沙子，颇为讲究。

（三十一）采珠业

古语有“玉出于昆山，珠出于江海”。珍珠产于蚌的腹内，蚌孕育珍珠是在很深的水下，采集的是月亮的精华。每当皓月当空，它们就打开蚌壳，尤其中秋前后，它们还随着月亮东西移动来采取月光。有的海滨不产珍珠，主要是潮汐太过震荡，使得蚌没有了安静的藏身之处。

中国有两个“珠池”，一是海康的对乐岛到石城，约七十五公里；一个是合浦的乌泥、独揽沙到青莺，约九十公里。这些地方水上的居民都以采珠为业，

时间多在每年三月。采珠业有采珠前祭海神的习俗。采珠时，采珠人潜入水下，把蚌捡到篮子里，非常危险，稍不留神会被水下的大鱼吃掉或击伤。

（三十二）油漆匠

油漆匠主要是为房屋建筑、日用品等刷漆，还包括一些采漆的工作。

油漆匠这一行当可谓历史悠久，漆器工艺品则具有日用品和工艺品的双重价值。早在秦汉时期，漆器就与金银器、玉器一样，是王侯大家富丽堂皇的象征。最迟在战国，成都就有专门的漆器作坊，并且此地漆器水平很高，名闻四方，流通范围遍及国内外。

由于各地油漆业不同的历史和风俗，很多地方都尊奉不同的祖师。如大多地方奉宋代高僧普安为祖师；东北、湖南等地奉乳安为祖师；四川内江的漆匠则尊曾收服孔雀精的漆宝即准提为祖师等等。

（三十三）景泰蓝

景泰蓝又名景泰珐琅，明代景泰年间开始在北京宫内制造，因此产地也以北京最为著名。

制作景泰蓝时，在铜器表面涂上各色花纹，花纹四周嵌上铜、金、银丝，再用高火烧制而成。景泰年间初创这种工艺时只有蓝色，因此叫景泰蓝，后来各色俱全也沿用了此名。景泰蓝工艺以明代的最高，制品颜色晶莹透亮。到乾隆时候，怎样也达不到明朝时的效果，因为明代已经把那种透亮的色料用完了。

景泰蓝的制作有五道工序：第一步用红铜做胎；第二步为掐丝，即用细铜丝在铜胎上完成各种图案；第三步为点蓝，即涂色料；第四步叫烧蓝，将铜胎在高炉里面烧得全体通红；最后一步是打磨，使制品表面光润且不起丝毫纹路。

（三十四）陶瓷业

汉以前，人们使用陶器。汉代时，人们发现了釉料，便开始在陶器表面涂上釉料，从此中国便有了瓷器。

而汉代的瓷器制作较为粗糙，火度低，质地脆。真正高火度瓷器的大量生产是在唐代，如著名的越州青瓷、邛崃县邛窑的瓷器、刑州的白瓷等等，唐代最著名的当属唐三彩，将黄绿青三色花纹描绘在无色无釉的白底瓷胎上，烧成后色彩清丽。

五代时最著名的瓷器为后周世宗柴荣烧制的柴窑，烧制的瓷器“青如天，明如镜，薄如纸，声如磬”，被誉为古今瓷器之首。

宋代时，中国制瓷业达到高峰，多为单彩釉瓷器，表面显各种碎纹，著名的有定窑、官窑、汝窑、均窑、哥窑等。我国著名瓷都江西景德镇也是在宋景德年间以“景德窑”名闻天下的。

到了明代，中国制瓷业达到一个制高点，其繁荣状况、工艺水平、创意形式可谓空前绝后。永乐窑的脱胎素白器，薄得能映出指纹，而宣德窑引进苏泥勃青颜料，使青花瓷的烧制达到顶峰。明代后，景德镇成为全国瓷业的中心。

（三十五）砖瓦业

砖瓦业指烧制砖瓦等建筑材料的行业。

全国著名的砖瓦产地是浙江嘉善县，该地的这一行业奉鲁班为祖师，每一窑点火前都要领班师傅带领全体工人祭拜鲁班。

而镇江的砖瓦匠则奉李老君为祖师。传说李老君看到人们没有房子住，就修了座八卦窑，烧出砖头瓦片来给人们盖房。还有一些地方奉土地公公为砖瓦业祖师，如浙江武义县。

（三十六）瓦石匠

瓦石匠是建筑行业的重要组成部分，其下分为泥瓦匠、泥水匠、石匠等。

建筑业大多尊鲁班为师，称其“开万世建筑之业，启后人土木之工”，瓦石匠也不例外。而有时，瓦石匠会同时供奉张班和鲁班，合称张鲁二班。相传盖房子手艺最好的是天上的普安老祖，他把建屋修房的手艺传给了张班、鲁班两个徒弟。

广东的泥水匠也奉巢氏为祖师，他们认为传说中的巢氏构木为巢是房屋建造的开始。

（三十七）煤业

煤业又称采煤业、煤行等。煤窑工人工作非常艰苦，而且随时都有生命危险，因此称他们“吃阳间饭、干阴间活”。因此，为了避灾祸讨吉利，煤业有很多仪式用来祭祀。

如每年腊月十八，要祭煤神太上老君，要唱文戏来娱神。《明仙峪记》中记载，冬至节的时候，窑户窑工要凑钱共祭窑神。大窑户用猪祭祀，小窑户用肉；大窑工人多，就买黑羊来祭祀，小窑工人少就负责买酒。而“素有烧不尽的西山煤”之誉的北京门头沟产煤区则在每年的腊月十七祭窑神，每个煤窑在这一天都有庆典，既要摆放祭祀物品，又要为神唱戏。

（三十八）冶铸业

冶铸业一般包括炼铁、铸钟、铸锅等行业。冶铸业一般都供奉投入冶铸炉火而成神的人，即所谓的投炉神。

古时吴地的铜铁冶炼工匠供奉李娥，相传其父亲冶铸兵器时，铁液怎么都流不出来，15 岁的李娥便自己投于熊熊的炉火中，金汁遂即流了出来。广东冶炼业祭祀“涌铁夫人”，是一位林氏妇女，她为了帮丈夫出更多的铁，便投身炉中。北京鼓楼西的铸钟厂，其投炉神是金炉娘娘，又叫华仙，因父亲铸钟屡铸不成，怕父亲受罚，她便跳入炉中，钟立即被铸成。南

京钟厂供奉的钟神也是一幼女，为救父亲投身炉中而死。

（三十九）铸剑业

宝剑，在我国一度风靡，铸剑业自古以来便颇为发达。

我国最著名的宝剑当属浙江龙泉县所产的“龙泉剑”。龙泉剑匠供奉春秋时的著名剑匠欧冶子为祖师。欧冶子曾在龙泉定居，取当地山中的铁矿，铸成了“龙渊”“工布”“泰阿”三把名剑送给了楚王，又铸了“湛卢”“纯钩”“鱼肠”“巨阙”“豪曹”五把名剑送给了越王。龙泉剑匠们在剑池湖畔建有欧冶子将军庙，每家剑铺的炼铁炉上都立有其神龛。每月的初一和十五，都要在神像前点燃香烛，供奉祭品。学徒进门的第一件事就是专门供奉祖师爷。据说农历五月初五是欧冶子炼成第一把好剑的日子，这天在剑池旁铸剑可得神佑，炼成宝剑。因此，这一天剑匠们都拿着剑炉到其神庙参拜，并到秦溪山麓挖泥补炉，再取剑池水在湖畔铸剑。

（四十）弓箭业

弓箭最早并非一种兵器，而应该看作是一种生产工具，用来捕杀猎物。最早的箭是锋利的石镞，一根树枝或竹子弯成弓，弦则是由藤或兽筋充当。初期的弓呈半圆形，由于弯曲度数大，发射的力度就变小。殷朝之前，祖先们就将半圆形改为了弓形，增大了发射威力。

我国秦汉时期就出现了能连续发射的连弩，但工艺失传。三国时的诸葛亮还发明了十矢连弩，能同时发射十支长八寸的铁箭。

（四十一）造船业

很早以前，我们的祖先就受木头浮在水上的启发制成了舟，并用巨大的独木做起了最初的船，还附有木桨、网坠、木浮标等，可以划着它到又深又宽的

水上捕鱼。不仅如此，在商代，就有人乘船到外地去做贸易了。

春秋战国时代，造船业已较为发达，尤其是吴越地区，已有了专门造船的工厂，即船宫，造船的工匠称为木客。鲁班创制了“舟战之器”后，越王又造成了大翼、中翼、小翼的战船用以水战，于是，一个新的军种——海军便出现了。到了汉代，除了渔舟、战舰外，又出现了货艇和客船，设备也更加完备。唐代的李皋还发明了车船，即在船两旁装上两个轮子，由人用脚踩。宋代的造船业将两轮的车船发展为了二十四轮的高速轮船，运用了罗盘针，还出现了十桅十帆的大型船只，配有隔离舱。明代，郑和带领大规模船队七次下西洋，显示了我国造船业领先世界的成就。

（四十二）盐业

盐业包括盐工、盐商、盐官等。

从来源和制作方法看，盐分为海盐、池盐、井盐、岩盐四种。海盐产地主要在沿海地区，将海水灌注进盐田，晾干或用铁锅煎煮而成；池盐最著名的是山西解州和甘肃盐池县的花马池，制盐时先从盐池中捞取卤水，再用铁锅煎煮或摊晒出盐；井盐最为著名的产地是四川的自贡，被称为盐都，提取井盐是在有卤源的地方凿井，将卤水汲取上来，再用天然气蒸煮，这一方法便称为中国第五大发明；岩盐则产自新疆、西藏、云南等地，这些地方地壳中沉积着成层的盐。

盐是百姓生活中的必需品，而全国大多数地区却不能自产，要依赖盐产地的输入，因此盐业便成了垄断型且利润极高的行业，许多富商都是从盐业开始发家的。古时，国家垄断盐的供应，发给盐商盐引，即他们领盐、卖盐的凭证，以保证各个地区食盐的供应，禁止流通“私盐”。

二、商人文化

（一）农耕业

我国是传统的农业国，农业在国民生产中的地位也是重中之重。先秦时代的粮食品种就有稻、麦、稷、黍、粟、粱、菽等等。其中，菽即大豆，是我国特产。1790 年前后，大豆刚传到欧洲时，是种在花园里以供观赏的，而 1873 年，大豆被运到维也纳万国博览会上展出，轰动一时，从此，欧美才开始大规模地种植大豆。

人们也常常用“社稷”来代表国家，这个词就是源于农业。社是土地神，稷是谷神，二神相合掌管土地、庄稼，是古代举国共祀的农业神。浙江金华的农民在古时一年祭四次土地神。第一次在清明播种前“许愿”，祈祷秧苗壮大；第二次是在“开秧门”前“尝田头”，祈祷秧苗快长大；第三次是在夏至，祈求风调雨顺，无病无灾；第四次是在开镰收割前“还愿”，报答土谷之恩。

（二）山林业

山林业主要包括木业、砍柴业，东北地区还有采参业，都是在山中作业。

在山中伐木非常危险，因此伐木工人要祭祀山神爷，以保平安。木业是明清时期三大商之一，这一行业最出色的是徽商，被称为商界骄子。徽州盛产优质木材，徽州人不仅熟悉各种木材，而且还熟练掌握水路运输木材的技能。木材在民间销路很广，不仅如此，还大量应用于宫殿等大型建筑。

砍柴的人又称为樵夫，在古代，其形象总是出现在诗画中，常常是闲适自然的象征。

东北参农上山采参，叫作放山。去之前，也要祭拜山神，为的是能够挖到大货，即大人参。

（三）种花业

自古，南北方均有花市中心，较为著名的是南方苏州虎丘和北京的丰台地区。苏州虎丘一带有众多花匠，其中有个陈维秀善植花木，能够掌握各种花的特性，乾隆南巡时他把温室中四季的花全部献上。北京丰台区十八村号称“花乡”，当地居民多以种花为业。

（四）水运渔业

从事水运渔业的人，大多时候都漂流在江河湖海上，险滩暗礁、风浪漩涡等自然因素无情且不可预知，因此，他们为求平安，供奉许多神灵。

湖南湖北的渔民最信奉杨泗将军，传说他是湘水边的人，曾与孽龙搏斗。而旧时钱塘江上有名的以捕鱼为生的“九姓渔民”即包括：陈、何、李、许、林、袁、孙、叶、钱这九个姓的人，他们的每只船上都供有周宣灵王像，据说他是掌管风雨的神，有无边的法力。沿海一带的渔民十分崇敬妈祖神，又叫马祖、天妃，是掌管水上安危的神灵，海船上常有“马祖棍”和“神灯”这两样东西来保平安。

船工们也奉杨泗将军为神。出海时，船上的禁忌特别多，如忌说“倒”“洗”，早起不能说“虎”“猴”“鬼”等字，吃饭不许将筷子架在碗上，因为碗好像船，筷子又名箸，与“住”同音，船住则无生意，还不能在船上小便，因其味骚，与“烧”音似等等。

（五）猎户

狩猎这一行业同农耕一样，产生最早，并且它也曾经处于重要地位。古时许多地方的猎人都有“梅山会”，奉梅山为打猎始祖。相传梅山原为猎户，好劫富济贫，被官府处死后亡灵

不服，常在地府作乱，玉帝派二郎神也收不服他，最后两人结拜为兄弟。

猎人的工作场所也在山林，因此，须要祭拜山神。东北很多猎人将虎奉为山神，打猎决不打虎。今四川都江堰和彭县、茂汶一带曾是狩猎业较为发达的地方，打猎持枪带狗，多结伴而行，忌讳点人狗数目。捕获猎物后，主要射中者分兽头和兽皮，剩下的大家平分。若猎获黑熊、野猪、豹子等就要到山神庙还愿。有一种猎人，一般能从野兽的脚印、粪便中判断出其出没的路线和规律，选择地点设套、置阱、安弩等，因此，他们可以不带猎枪、猎狗，只用套绳、陷阱、地弩等工具便可。

多数猎人都不妄杀滥捕，他们的信条是，只能够吃够用，不可有剩有余，并且还不能在野兽产仔时猎取。

（六）孵坊业

孵坊业是指孵化幼鸡、幼鸭、幼鹅的行业，广东称其为三鸟苗业，三鸟即鸡、鸭、鹅。

在广东，许多三鸟苗业的苗圃中都挂着一位叫尉迟恭的人像和一只纸公鸡。因为据说广东的火焙孵蛋——把蛋分层装在竹箩中，用衣被盖住，点燃柴炭木屑之类，用慢火熏温，使蛋孵出幼仔，这种方法是尉迟恭发明的。他曾是一个铁匠，有一次将鸡蛋忘在了铁炉柜上，过一段时间，鸡仔居然破壳而出，这种孵蛋法就意外地发明了。

此外，一些孵坊里还贴有“张五陆相公之神位”的红纸，因为据说他们发明了人工孵蛋法。

三、货郎脚夫

（一）货郎

货郎是指那些在城乡间走街串巷卖日用品的小商小贩，又叫“客”，如民间常见的“十客”，即灯草客（卖灯芯的）、针线客、麻布客、花椒客、胡椒客、鸦片客、水烟客、吗啡客、桐油客、生漆客等。

货郎中最常见的一种是提篮小贩，他们奉蓝采和为祖师。蓝采和是传说中的八仙之一，其典型形象就是提篮。货郎们走街串巷出售物品，除了通过吆喝来引人注意外，还有摇着蛇皮小鼓来吸引那些深闺里的女子来买东西的，这类小摇鼓之类的响器也因此有了个有趣的名字——惊闺。这种打鼓吆喝的货郎在旧北京还称为打鼓行，分为两种：打硬鼓的一般是那些身穿干净长衫收买金银等贵重物品的；打软鼓的则是那些收买废旧破烂的。

（二）卖糖贩

货郎中有一种是卖糖贩，他们不仅卖糖，还把烧好的糖吹成糖人来卖。

吹糖的人认为他们烧糖稀用的马勺是女娲补天时用过的工具，女娲的抟土造人也与他们吹制糖人相似。

关于卖糖贩还有一些温馨的故事。相传有一个孝子，家境贫寒，无以养活父母，他就去卖糖，用卖糖的钱让父母过上了甜蜜的生活。人们为他写了一副对联：“菽水承欢，一孝能存千古味；糖箫满市，几声吹暖二人心。”

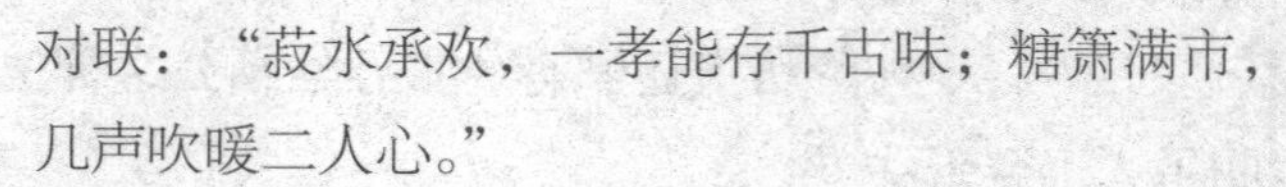

（三）蜜饯行

蜜饯行是指专营糖蜜花果的行当。宋代官府设有“蜜煎局”，专管采购蜜饯，以备宴会上“咸

酸劝酒”之用。

蜜饯不仅好吃，而且好看。雕花师傅用杨梅、冬瓜、金橘、鲜姜、嫩笋等，雕成甜酸的花梅球、清甜的蜜冬瓜鱼等等，还在金橘、木瓜上雕出大段花、方花，青梅上雕出花叶等。蒲城的雕花蜜饯最为有名，三尺长的冬瓜上可雕出假山、鹤、寿星、仙女、龟等，精致奇妙。雕花蜜饯多用于豪华宴会。

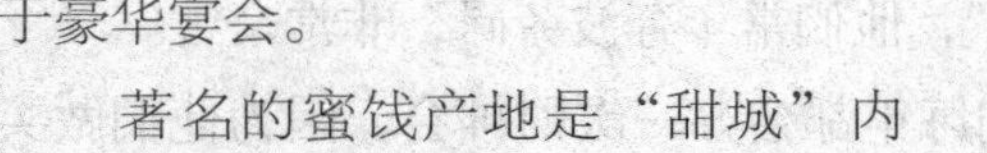

著名的蜜饯产地是“甜城”内江，并在清末和民国初年最为兴盛。依传统，当地生产蜜饯的工人每年举行两次“扶桑会”以纪念冰糖的发明者扶桑。传说她原为一个大户人家的丫环，无意中将熬煮的白糖倒在了糖壳里，白糖稀结晶成了冰糖。

（四）果行

果行分为干果行和鲜果行。

干果业主要经销花生、栗子、瓜子、核桃、杏仁等干果。

鲜果行主要出售四季南北的新鲜水果。老北京的鲜果行分果局、果摊、果挑三种。果局出售的时鲜果品，多是世袭此业，信誉颇高；果摊则露天售卖，开支虽小，但果品经风吹日晒，易于腐烂，果贩往往掺劣果出售；果挑则为沿街叫卖的小贩，多是出售京城附近的特产等。宋代的鲜果行，非常兴盛，瓜果品种繁多，卖果的商贩都形成了各自专有的声调。

（五）米商

米粮业是指出售、储备、加工米谷粮食的粮店、粮栈等。

过去的杭州有三兄弟因诚信经营米粮店，并泽被四方而受到百姓爱戴，百姓和后世米商们还特为此三人修了座庙来祭祀他们。庙名为蒋相公庙，也称广

福庙，意思是蒋相公广赐福泽于百姓。蒋相公兄弟三人，除了自己存米外，还在米价低时出钱买米存在粮仓内。待到灾年收成不好粮价上涨时，他们则将储备的米按原价出售，并且让买主自己称量，买主们深深感动于他们高尚的品德，无人去占他们便宜，人们亲切地称他们为“蒋自量”。三兄弟还向没钱的穷人捐米，远近被他们接济过的饥饿者不计其数。

（六）南货

南货业一般指销售长江沿岸一直到广东各地所生产的土特产、地方工艺及杂货的行业。南货商人是真正的“倒爷”，他们常年奔波劳碌，非常辛苦。

南货业多有帮会或行会组织，他们每年都会办一次财神会，因为他们做买卖供奉的是财神。财神是民间及工商业者普遍供奉的神仙，常被供奉的财神有正财神赵公明、文财神比干及文昌帝君，武财神关公、增福财神、五路财神、五显财神、招财童子等。

（七）海货

海货行是由经营鱼虾业扩大而来的。该行业敬奉的祖师姓张，大家都称其为邋遢张。传说邋遢张是天津人，道光年间以出售鱼虾为生。开始收入可怜，难以为生。一天清晨，他救活了一位被冻得行将就木的瘸腿老人，老人为了感恩便给他一枚红丸，谁知这红丸可以将死鱼变活。从此，邋遢张就用低价买回死鱼，再将其变活，赚了大钱。最后，为防止同行来偷他的红丸，便将其吞下，从此失踪。传说他已得道，而那瘸腿老人便是八仙中的瘸拐李。

由于在海上作业，海货业自然成了最早进行对外贸易的少数行业之一。中国的海岸线相当长时间是封闭的，除运输国外的贡品，个体的商船是不可入海的。直到出现资本主义萌芽的明代，中外交流才不断增加，即使有高额的关税，国内外货品的互通海货业还是兴旺发

达起来。

（八）染坊

染行包括种蓝家、染坊、颜料商等行业。染艺师们供奉的染布祖师是两位炼丹求仙的名人，即梅福与葛洪。

传说梅葛两个都是跛腿，曾向一对夫妇乞要食物，夫妇便给他们东西吃，吃完后，他们教给夫妇二人用蓝靛草、剩酒和石灰染布的技术。葛洪一次醉酒，将呕吐物吐在了存有沉淀了的蓼蓝池里，呕吐物与沉淀的蓼蓝一混合，蓼蓝又变为了染浆，于是，这次意外醉酒，使他们发明了用酒糟发酵使蓼蓝沉淀物还原的方法。

（九）估衣行

估衣行是贩卖旧衣服的行业。宋代卖估衣主要是通过叫卖，到了明代才有估衣店和估衣铺。

老北京的估衣行的货源主要是当铺里只当不赎的衣物及通过大声吆喝收买来的旧衣服。天津有条估衣街，其中店铺大多都是估衣行，当地的《竹枝词》形容估衣行："估衣街上古衣多，高喝衫裙值几何。檐外行人一回首，不从里坐也来拖。"

（十）脚行

脚行是在码头、车站等地帮人提箱子行李、抬运货物的行当，也称为"扛抬帮"，所得的报酬称为脚资，由路程远近、行李轻重收取。

脚行往往是有组织的，且各有各的地盘，若逾界拉生意，就会引起群斗，这些行为叫争行市。争执最终是由地方官重新划界。

不同地区的脚夫有不同的称谓及特色。四川山区有一种靠肩挑背磨搞运输

的人叫“背子”，旧时川滇和川藏的茶马古道上有很多背子，多是长途贩运茶盐，长年风餐露宿，辛苦异常。老北京有一种脚夫叫作“窝脖儿”，他们专门运输珍贵易碎的器物以及不能磕碰的华丽家具，他们将货物捆扎妥当背于肩上后，无论多远都要一口气将货物扛到目的地，由于物件沉重，他们的头颈都不能抬起，“窝脖儿”称谓由此而来。

（十一）轿行

轿子是古代的一种代步的工具，起初官员及富商大多使用，并且官员的等级不同，其乘坐轿子规格与样式也不同。随着经济的发展，街轿行兴起，其主要分花轿行和小轿行。花轿行主要经营红、白喜事；小轿行则主要是为搬家、送信、送东西等事情服务。轿子在过去就像现在的出租车，散布在大街小巷和热闹场所。

抬轿的工人为“轿夫”。他们受轿行老板残酷剥削，要遵守许多帮规。如先取得“资格证”后方可抬轿，花轿行的叫“买轮子”，小轿行的叫“挂牌子”，只有取得了资格证，才有资格进轿行干活，郊区或外来的还要交帮费。

（十二）旅店业

旅店业是给旅人提供夜宿的行业，古时被称为“驿传”“逆旅”“邸店”“都”，宋以后，条件好的称为客栈、客店，设有上房，设备齐全，还提供膳食；条件差的叫火房、小店；最差的叫大车店、老妈店、鸡毛店等，这类小店土炕上铺一层鸡毛，夏季闷热、蚤虱横行，冬季又冰冷冻人。

此外，还有专门负责接待马帮商队的称为马店，兼做生意的称为行栈。旅店的服务员又叫幺师，临睡前，都要在过道吆喝注意事项。

清代北京的旅店分为两种，一种是备饭不备菜的，即酒菜由客人自己选择，另外算钱，而主食不管吃与不吃，都计在房租里；另一种

是只租房，不提供饭菜，连水钱也要客人单独支付。

（十三）驮运邦

驮运邦主要指那些用马、骡、驴进行交通运输的行业。

这一行供奉的是马王，即主管马骡驴乃至一切飞禽走兽的神，俗语说的“不给你点厉害，你不知马王爷三只眼”，说的就是马王。马王爷神像多为红面多须，面目狰狞恐怖，都是三只眼睛，一只竖立在额头中间，身披铠甲，手持刀枪剑戟。传说他曾是汉代时匈奴的王子，属回族，因此，不能用猪肉来供奉他。

四、银钱牙行

（一）银钱业

旧时的银钱业主要分为以下几大类：钱庄、钱店、炉房、钱铺、票号等。

钱庄又称银号，主要经营存款、放款、汇兑等业务。

钱店则只从事货币兑换业务。

炉房也称银炉，是专门将金银熔铸成元宝的地方。

钱铺的主要业务不光是兑换银两，它还印发钱票即银票，每家铺子的银票都有暗记，以防假冒。

票号主要办理汇兑，另外还有储存和放货两个职能，也称汇票庄或汇兑庄。票号是山西人首创的，并且山西经营票号的人最多，因此人们便常把活跃在各票行之中的商人称为“山西票商”。曾掌管过国家金融财政大权的原“中央银行总裁”孔祥熙就是山西太谷人，在他手下做事的也大多是山西人，他赞扬山西人是中国的犹太人和苏格兰人，在理财方面颇有才能，因此才十分重用山西人。

（二）典当行

典当行又叫当铺、质库、解铺、盘点等，大寺院所开的当铺称为长生库。当铺是高利贷资本的一种，起源于南北朝时期。唐代称其为“柜坊”，除抵押典当、放高利贷外还兼有存款业务。北宋时有完整的当铺，并且有规定的服装，即皂衫角带配上裹巾。到了明代，典当业繁荣起来，有的商人同时开有多家当铺，分别接收不同类物品的典当，如有的专门接收金银珠翠，有的专门典当琴棋书画等。

当铺大门一般包着铁皮，钉满铁钉，其招牌为一尺长的木板，其上写着“当”字，柜台高出人头，上设栅栏，窗孔极小，因此人称当

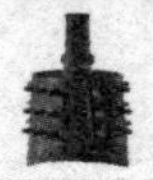

铺特色为“高柜台，短招牌”。当铺掌柜称为朝奉，要求见识广，可以识别物品的高低贵贱，要边看货边高唱物品的名称、数量、金额、特点，由柜台的写票人一一记在当票上。

当铺祭祀号神，又叫耗神，即老鼠。因此当铺从不打老鼠，更不养猫，每月初二、十六烧香磕头敬拜鼠神。于是，当铺成了老鼠的乐园。

（三）高利贷

放高利贷又叫放印子钱，因放债者每天都要到借债人家中催债，要求其还清当天规定的数量后，就在单据上盖上印记，直到还清为止，因此叫印子钱。

旧时有些百姓家里生活困苦，遇到诸如生病等急事，不得不靠借印子钱来解燃眉之急；还有些百姓每天的收入只能勉强糊口，而衣物等却只能靠印子钱来制造、购买，虽知是剜肉补疮，但迫于生计，无能为力。放高利贷的人一般为当地有势力的人，为催账逼债无所不为，旧时的贫民多深受其苦。

（四）房纤手

牙行是古代专门为买卖双方撮合交易，从中获得佣金的中间商。卖方一般为渔民等小生产者，买方则为消费者或收购商。房纤手就是这一行业中的一种，又叫拉房纤的或跑房纤的，在房屋买卖租赁交易中起说合作用，并从中抽取佣金。

房纤手以获得佣金为业，因此非常虔诚地敬奉财神，每年农历二月二日，都要举行一次名为“财神会”的集会，摆供、上香、磕头以祈求财神保佑他们能够财运亨通。

五、曲苑游艺

(一) 梨园业

戏曲剧团这类行业称为“梨园”，也叫梨园行、戏行。戏剧演员称为梨园子弟、戏伶、伶人、优伶等。

梨园其名从何而来呢？

一种说法是：唐明皇十分喜好音乐歌舞，在长安专门设立了管理俳优、歌舞、杂技的左右教坊，并逐渐成为独立的官署。唐明皇还选拔了优秀乐师三百人，在梨园亲自指导，并且他还亲自作曲让乐师演奏。唐明皇不仅喜爱歌舞也善于演戏，常和大臣们在宫中的梨园娱乐消遣，梨园就是这样成为了戏曲行的代称。而多才多艺的唐明皇也被戏行尊称为祖师爷，并用戏中大臣对其的尊称“老郎”来命名，称为“老郎神”。

还有说法是老郎神名为耿光，很擅长霓裳羽衣曲舞，皇帝便赐李姓于他，并让其在宫中给子弟传艺，耿光喜欢吃梨，种了许多梨树，因此将他传授技艺的地方称为梨园。总之梨园之名由来说法不一。

除了老郎神之外，梨园业还敬奉二郎神、喜神等神灵。南方的不少剧种又奉田公元帅，相传是唐代精通琵琶的宫廷乐师雷海青；西北的秦腔则奉秦二世胡亥为祖师。

除敬奉祖师爷外，梨园中的各专业又有自己桌上的神，如武行奉武猖神；乐队奉李龟年；管箱的奉青衣童子；梳头的奉观音等。

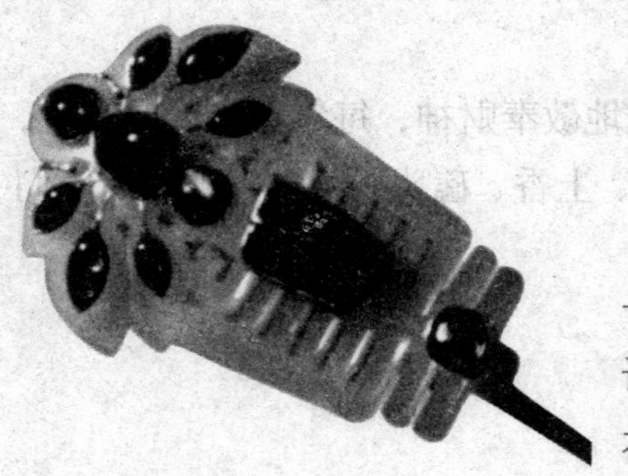

(二) 说书

说书是一个相当古老的行业。分为两种，一种叫说大书，即只说不唱的纯粹说书，如评书、评话等；另一种叫讲唱，又分说唱兼有和纯唱，前者如弹词、鼓词、河南坠子，后者如大鼓书、木鱼书等两类。

宋朝的说书业就已相当成熟，当时有说书艺术的专门组织来整理说书人采纳的话本，并供说书人相互切磋技艺。

说书人有三件道具，即醒木（惊堂木）、扇子、手巾。说书人语言精彩，内容无所不包，引人入胜。北方的说书人多奉周庄王、孔子、文昌帝君为祖师，而这三位也是与文化行业密切相关的祖师。

（三）相声

相声是一门综合艺术，其功能主要是引人发笑，“讲究说学逗唱”。

相声业奉东方朔为祖师。他是汉武帝时的一个谏臣，不仅中正耿直、才华横溢而且机智幽默。有一次，有人向汉武帝贡上了所谓的“不死之酒”，被东方朔偷喝了。汉武帝很愤怒，想杀了他，东方朔说：“如果我喝了不死之酒后，您杀我我肯定不会死；而如果您杀死了我，那证明我没有喝不死之酒。”一番话将武帝逗乐，并将其赦免。

（四）卖唱

卖唱者，旧时是指以唱歌为业的人。《乐府杂录》中指出，“丝不如竹，竹不如肉，人声唱出的歌是音乐中的上品。”

卖唱者敬奉麻姑圣母。麻姑是东汉时一位年轻美丽的女子，曾在绛珠河畔酿灵芝酒为王母祝寿，因此民间常把她当作美丽、长寿的象征，尤其受妇女们的敬爱和崇拜，为妇女祝寿时也多用麻姑像。也许是因为卖唱的多为年轻女子，因此奉这位美丽的女神为祖师。

（五）南北曲艺

八音是一种弹唱行业，曾流行于广州。其所唱的有生旦净丑等戏曲，用锣

鼓伴奏，演员不化妆。八音曾将我国西周的乐器分为金、石、土、革等八类。这一行业曾奉华光为祖师，现八音行已绝迹。

南音是流行于闽南、台湾等地的一种曲调古朴、清幽的民间音乐。这个乐种奉五代时蜀主孟昶为祖师。孟昶酷爱音乐，但不思教子，所生的一百个儿子都被天狗叼走，他拿着武器去追天狗，却一去不复返。可能因为其爱好乐曲而失去了儿子，人们纪念他便奉其为南音祖师。

二人转是东北地区流传颇广的一种艺术形式，一男一女在台上边唱边跳。如今，这一行出了不少民间艺人。二人转艺人敬奉楚庄王。

（六）影戏

影戏的演出方式是，在舞台前方搭一块透明度较好的布屏做帷幕，观众在屏外，演员在屏内借助各种人物道具，利用它们投在屏上的影子来演绎故事，是一种综合性的传统的民间艺术。

中国的影戏包括以下三类：手影戏是表演者的十指借光弄影来表现各样人物、鱼虫花草和飞禽走兽，甚至简单的寓言故事，这是影戏的最原始形式。另外两类是纸戏和皮影戏，即用纸或兽皮刻成人物的平面像，借助灯光将其映在帷幕上表演故事，这两类影戏较为复杂。

影戏艺人奉观音为祖师，传说观音曾发现华阴县将有灾难，就在离华阴县很远的地方以佛光为幕、竹叶为影，坐在蒲团上演唱劝人行善之类的故事。华阴县的百姓纷纷被吸引来看戏，逃脱了灾难。后人仿照观音这种方式创造了影戏。影戏演出前都要请出压箱佛爷——观音像，并且，戏里出现观音形象时，演员须全体肃立，演唱观音的演员必须是班主、少班主或德高望重的老艺人。

中国的影戏 13 世纪就随着元蒙的军队传到中亚一带，后又被传入欧洲。影戏在欧洲大陆一度流行，给电影的发明带去了一定的启发，因此，法国著名电影史家乔治·萨杜尔在其著作《电

影通史》中，把中国的皮影戏称为“电影的前驱”。

（七）木偶戏

木偶戏业是用木头刻成各种人物、花草兽类等的形象进行表演的艺术，是我国传统艺术之一。与梨园所演的戏相对，木偶行演的称为小戏。

木偶戏艺人敬奉月皇大帝，每逢八月十五都会祭拜他。月皇是楚庄王的一个重臣，一次，戏班来为楚庄王演戏，不料戏子们开玩笑时触犯了庄王。庄王大怒，就想解散戏班，月皇替他们求情，建议发配他们到乡下去演戏。庄王同意，并派月皇去统领戏班。月皇从此带着家眷，领着戏班走乡串户为百姓演出，很受欢迎，并且自己也想登台演戏，但自己身为朝廷重臣，有失身份，便去向庄王禀告。庄王给他出个主意，即用木头刻些人像穿上衣服，人挑着表演以代替月皇这样身份的人。月皇就是这样发明了木偶戏这一行业。

木偶艺术以泉州、漳州等闽南地区最为盛行。尤其泉州的木偶艺术，以其取材广泛、内容丰富、形象生动、制作精美而久负盛名。

（八）戏法

中国古代称魔术为幻术，或称变戏法。

传说八仙之一的吕洞宾善于耍弄道术，总是隐形变化，游戏人间，并且变幻莫测，会变很多戏法，写了许多戏法书，留下了变戏法这一行。因此，民间的幻术艺人都奉吕洞宾为祖师。

（九）杂耍

杂技业，古时称其为杂耍，南宋时还曾称杂技表演艺人为“百戏踢弄家”。

杂技业起源很早，汉代就有了角觝戏即三三两两的艺人头戴牛角互相抵触，可能是后世喉抵钢钎之类杂技的雏形。唐代起便有了惊险高超的杂技表演。杂技艺人们主要在庙会等热闹场所表演绝技，如马戏、口技、踢瓶、弄碗、相扑、

打弹、弄水等等。

（十）教虫蚁

教虫蚁是指驯养鸟兽鳞虫卖给富人作宠物或以之表演赚钱的行业。这一行业在宋代特别兴盛，有驯鹰、海豹、鱼鳖、蟋蟀等。

斗蟋蟀是一项古老的游戏，宋代有蟋蟀专卖店，其中所售笼子有银丝笼子、楼台型笼子、金漆笼子、板笼、竹笼等各式各样。明代皇宫也以促织为乐，到了清朝此风更盛。

（十一）拉洋片

拉洋片就是在装有透镜的木箱中挂上各式画片。箱子里面有转轮，轮上是画片，箱子外壁上挖有圆孔，供人们在小孔中观看。人们从透镜中看到的是放大的画面，且多为西洋画，因此叫拉洋片。

摊贩一边敲锣打鼓，一边操纵转轮，不断变换里面的画面，还根据内容加以解说和唱词，有声有色，引人入胜。

这一行敬奉的祖师为唐初皇家算命的官员兼术士。唐朝时，西域向皇上献美女，被皇上纳为妃子，但她们总不笑。术士看后告诉皇上，美人是因为思乡致此，于是，他们根据美人们言谈中所提到的家乡景象，制成了西洋景，她们看后便笑逐颜开。

（十二）篆刻

古代精通书画的人大多都会篆刻，也称为摹印，他们作画或写字后都要在作品上面盖上印章。印章是一种独特的造型艺术，融书法、绘画、雕刻于一体。印上用字越古朴越好，多用秦汉时的篆字，多用“印章古逸”“图章直追秦汉人”等来称赞篆刻好的人。

六、文具学堂

（一）造纸业

造纸是我国的四大发明之一，祖师是东汉的宦官蔡伦，曾任主管制造御用器物的尚方令。他受麻纤和破毛絮的启发，召集人把麻头、破布片、破渔网、树皮之类弄碎后煮烂成浆，晾干后就成了纸。

纸中的精品为宣纸，产于安徽泾县城南的乌溪山区，唐代就登上了书画舞台，取代了绢的地位。宣纸白度高、拉力大、润墨性强，用来题诗作画最为理想，并且其抗老化、寿命长，有“纸寿千年”的美誉，古代用宣纸所作的书画，流传千古都不变色，光润依旧。

唐宋年间，纸的品种已很多，名贵的品种就有几十种，如剡溪用古藤做的苔笺，扬州的六合笺、临川的滑薄，浙江的竹纸等等，这些名贵的纸，有的有十几种颜色，有的用石碾磨纸，纸张光滑并且能留下山林、人物、鸟兽等暗花纹。

（二）笔业

笔业包含制笔作坊、笔铺等。

我国制笔业历史悠久，唐朝时的制笔中心是宣州，以紫毫笔著名。宣州紫毫以深色兔毫为主，制作技艺高超，并且选料严格，“千万毛中选一毛”，价值极高，多作为贡品进献给皇帝。宣州还有一批善于制毛笔的能工巧匠，其中以陈氏和诸葛氏两家最为出名。唐朝大书法家柳宗元向陈氏求笔也只得到两支，足见其珍贵。而诸葛家的笔价值十金，高出普通毛笔几十倍，并且技艺世代相传，其制作的齐锋笔，颇受北宋的文豪苏东坡偏爱。

浙江吴兴县善琏镇被称为“毛笔之都”，南宋时成为制造毛笔的中心。元代时属湖州府管理，因此善琏镇所产的笔被称为湖笔，并有“湖笔甲天下”的美誉。元代大书法家赵孟就很喜欢用湖笔。

笔业奉蒙恬为始祖，关于他造笔的传说非常多，其中有一则是：秦始皇修长城时，由于工事繁多，仅靠结绳记事已远远无法满足需要，他便把工地上宰羊留下的羊毛扎成一束，醮上炭水记事，并将羊毛丢进石灰池浸泡克服了其吸水差的缺点，直至今天做毛笔还要用石灰水浸泡。

（三）制墨

先秦乃至汉代的墨都是用天然石炭如煤炭等制成的，因此古人称石墨。

到晋代造墨技术有了很大的发展，已在墨中加入胶来调和，并做成丸粒状。

唐朝时，朝廷出现了专管制墨的“墨务官”，北方还涌现出了诸如祖敏、奚鼐等大量著名的造墨工匠。

到了宋代，雕版印刷事业得到大发展，江南许多地区也都有了制墨的手工业。北宋时期，安徽的徽州成为当时全国制墨业的中心，当地产的“徽墨”一直号称全国第一，其创始人是奚超及李廷珪一家。

元代、明代时，价钱低廉的桐油墨和漆烟制墨法被广泛应用。

清代末年，液态墨汁诞生了，从此使读书人摆脱了研墨之苦。

（四）制砚

砚，“笔墨纸砚”这文房四宝之一，是与毛笔、墨配合使用的书写和画画的工具，早在春秋战国时期就有了名副其实的砚。汉代出现了玉石制的砚，还有陶砚。魏晋时又出现了瓷砚、铜砚、银砚、铁砚、漆砚等等。唐代时，陶砚流行，而那时人们又发现了制砚的上好材料，如端石、歙石、洮河石等，因此唐代开始，人们已经选用石料来做砚。

宋朝时，砚的工艺水平大大提高，其雕砚

不仅石料上等，而且善于利用石上的星眼纹色设计出巧妙的造型。宋代还出现了四大名砚，即端砚、歙砚、洮河砚以及产于青州（今山东地区）的红丝石砚，都是以石料上等、雕琢精致而闻名。

（五）书坊

书坊是书籍印刷并出售书籍的地方。

我国四川的书坊印刷业历史悠久，从唐宋开始便颇负盛名。唐代，成都和扬州是当时甚至全世界最早发明和使用雕版印刷术的地区，成都跟着也出现了雕版印书业，那里的印刷品专称为“西川印子”。成都府成都县龙池坊的卞家、过家等书坊，是我国最早的一批“民营出版社”。

由于宋代读书人增多，书籍需求量更大，四川印书业久盛不衰，分为官刻和私刻作坊，遍布全川。官刻书籍主要是供官学中的士子们阅读，私刻书籍则多供民间购阅，印刷质量均很高。

（六）教育业

古代的教育业包括私塾、学校的教师及学官等。

旧时的读书人，若不能在科举场上争得前程，一般都选择做以“传道授业解惑”为业的教书先生，以谋求生计，他们有的自己开馆教书，有的被请去教书。

教育业的先师是孔子，是我国首创私学的教育家。“学必有庙”，即凡是学校都与孔庙相连。

七、饮食服务

（一）茶业

中国是茶的故乡，有着悠久的制茶史和饮茶史，茶也是中国人重要的生活内容，古语有：开门七件事，柴、米、油、盐、酱、醋、茶，可见茶是与米、油、盐等同样重要的生活必需品。

茶的原产地是云南的思茅地区，先秦的巴蜀地区是我国较早传播饮茶的地区。西汉时，饮茶的风气渐起，三国时得到发展。到了唐朝，茶事兴旺起来，开始出现有煎茶出卖的店铺。宋代的茶馆业开始出现繁荣景象，北京、成都等地的茶馆都有当地特色。

过去的茶馆门前常有对联："花间渴思卢仝露，竹下闲参陆羽经。"其中提到两个人物，一位是卢仝，不仅喜欢喝茶，善于烹茶，还精于品茶，曾著《饮茶歌》描述对七碗茶的不同感受。另一位叫陆羽，是唐代著名的品茶家，被称为"茶圣"，著有《茶经》，可以通过品尝，判断沏茶所用之水是否与茶相配。

（二）厨师

一直以来，我们用饮食二字来统称喝水和吃饭，而在更正式的场合，饮食不仅是吃和喝这两个部类。《礼记·内则》中将饮食分为饭、膳、羞、饮四个部类。其中，饭指谷物做的饭；膳是以牲畜的肉制成的菜肴；羞，是用粮食加工的精制美味点心；饮则是指酒浆之类的饮料。而厨师，又称膳夫、庖厨、伙夫等，就是负责烹饪这几部类饮食的师傅。

厨师一般都要祭灶神，即掌管灶厨的神。祭灶神的活动在每年八月初三灶神生日那天举行，各地风俗不尽相同。如昆明的厨业相约在灶神生日这天做会，各烧一道拿

手好菜呈于灶君之前，所供菜品要拿出各自绝技，别出心裁才行。而四川一些地方，每年的八月有詹王庙会，庙会上会发售各种食物，厨师收徒和出徒谢师也都在庙会这天。

厨师们为人们精心烹制可口食品，广受人们称赞，例如有的喜宴上要专门请灵巧的妇女唱《谢厨子》之类的道谢歌来感谢厨师的辛苦劳作和精湛手艺。

（三）面食店

我国是小麦的原产地，而自汉代人们才开始去麦麸磨面粉做面食，以前都是直接将麦粒蒸着吃。

古代的面食用“饼”统称，如“汤饼”是用水煮的，又叫“煮饼”，其实是切面；而“蒸饼”实际上是馒头，而古代叫作“馒头”的面食是带馅的，即今时的包子。

宋代的制饼业是食品业的一个重要部门，每天五更，各个饼店如油饼店、糖饼店、蒸饼店、胡饼店等都开始忙碌起来，其桌案之声，远近相闻。

此外，宋代还有专卖“精细乳麸，笋粉素食”的素面店，主要经营三鲜面、炒鳝面、卷鱼面、笋泼刀、笋辣面等等，还有更讲究的专供贵族享用的“云英面”。

（四）豆腐业

豆腐在古时曾被称为“鬼食”，因为豆子榨出豆浆后，剩下的豆渣并不比原来用的豆子的重量轻，因此人们怀疑豆腐是豆子的魂魄化成的，孔子鉴于这个缘故从不吃豆腐。

豆腐是普通百姓的寻常食物，在全国许多地方都有很多有名的品种，仅四川而言，就有剑门豆腐、乐山西坝豆腐、成都麻婆豆腐等，都是豆腐业的名牌。豆腐不仅品种多，烹饪方法也花样繁多，不仅有简单通俗的，如醋熘豆腐、火

腿豆腐、鱼香豆腐、三鲜豆腐等，还有制作复杂、色味俱佳的，如羚角豆腐、灯笼豆腐、怀胎豆腐等，都堪称工艺菜品。

打豆腐的祖师是淮南。关于淮南其人，一种说法认为淮南是杜康的妹妹，很孝顺，看父母年纪大嚼不动黄豆，便把其磨碎成豆浆，为了让豆浆更有滋味，便在其中放入了盐卤，结果制出了豆腐。还有传说淮南是淮南王刘安，一次外出散心时遇到八位虽须长齐胸，但神采奕奕、健步如飞的老人，刘安以为他们是神仙，便询问他们长生不老之术，他们说是吃了用磨碎的大豆做成的食物，刘安照做，制得了豆腐。

（五）造酒

我国的造酒历史悠久，可以追溯到四千多年前。大汶口文化中曾出土了成套酒器，证明造酒在那时已很普遍。古代以杜康作为酿酒业的行业神。

酿酒方法从古至今是不断发展的。较为原始的酿造法，是自然发酵酿酒，酒糟成分最多不超过二十度，相当于现在的黄酒、啤酒。唐代开始有了蒸馏制酒的工艺，由此便出现了酒精浓度较高的酒。宋代有“大酒”“小酒”之分，大酒实际上就是蒸馏酒，而小酒则是低度的滤制酒、榨制酒。

酒自诞生起，便成了几家欢乐几家愁的魔浆，有副对联说：“酒逢知己千杯少，固可喜也；借酒消愁愁更愁，平添伤悲。”然而，中国历史上也响彻着“诗酒风流”“煮酒论英雄”之类的名言，每一本诗集中或多或少都弥漫着一股酒气。如著名的诗仙李白本来也是个“酒仙”，从他的作品中可以看出，他的诗与酒有着不解之缘。

（六）酱坊

酱园业指的是制作和出售酱、酱油、酱菜、腌菜之类的作坊、商店。

酱园业有的奉东汉文学家蔡邕为“菜神”，其实他与酱园业没什么关系，只因为他的名字与酱菜工“菜佣”谐音。

而南京的酱菜业奉唐代书法家颜真卿为祖师，因为其曾受封“鲁郡公”，人们称其为颜鲁公，又因为酱园与盐卤有关，与“颜鲁”谐音，故奉其为祖师。

（七）造醋业

俗语说：“杜康造酒儿造醋”，即醋是杜康的儿子黑塔发明的。传说杜康发明酒后，到镇江去开酒坊，他的儿子黑塔负责挑水、喂马。一次黑塔发现马吃酒糟，他便往酒糟缸里倒了两担酿酒用的“龙窝水”，泡到第二十一天酉时，发现竟酿成了醋。黑塔是这样给醋命名的：二十一日加酉，即醋。

宋代时候，醋和酒一样，都是由户部管理，由官库酿造。

（八）制糖业

据记载，中国的砂糖始于唐代，是唐太宗叫西域使者传授的。我国有记载的制糖业已有一千三百多年的历史。

然而，明代嘉靖以前，都没有白糖，人们熬制的都是黑糖。直到嘉靖年间，一个糖局在熬糖时偶然制出了白糖，从此，中国人才吃上白糖，距今只将近五百年。

四川内江被称为甜城，当地的糖坊各工种奉不同的神。砍运甘蔗的工人为刀把，奉土地神；修理、安装榨蔗设备的辊子匠敬奉鲁班；熬糖工供奉老君；而糖坊老板则供奉坛神赵昂。

（九）澡堂

澡堂，又称浴堂、混堂、浴室等，是为他人洗浴提供方便的地方。这一行都在门首挂一个壶作为标志，清代则挂灯笼，两边还配有对联“金鸡走唱汤先热，红口东升客满堂”。

澡堂内一般有修脚、擦背、按摩等服务，但旧时多是富人的乐园。澡堂中

洗浴的地方一般都会依环境、服务条件等不同分出等级。

若论及澡堂的历史，最长远的应该是温泉澡堂，南方许多温泉澡堂都是三百年以上的老招牌。如有“天下温泉第一城”之称的福州，宋代就出现了供人洗温泉澡的店铺名为温室，清代又称汤堂。

（十）修脚匠

修脚匠又叫剔脚匠，指专为别人修剪趾甲、修治脚病的人。修脚匠与澡堂业关系密切，各澡堂是修脚匠密度最大的地方。北京的第一家澡堂就是一名修脚匠开的。

北京的修脚业和澡堂供奉的祖师是一个，即志公。关于志公这个人，有两种说法。一种说他是六朝时的高僧宝志，据说曾用方便铲给释迦牟尼修过脚，方便铲也叫方扁铲、片刀，是修脚工具中不可缺的一个。另一种说法是，周文王患趾甲病，行动艰难，于是志公便用方便铲帮他修治好了，这项技术流传下来，传授徒弟时都要送一把方便铲。

（十一）理发

我国有句古语“身体发肤，受之父母”，清代以前，汉族一直束发，那时的理发业以梳头为主。清军入关后，下令剃发梳辫，剃头匠成为理发业主力。张勋复辟时，人们都争相购买假辫子，假发业又大兴。

理发是一门手艺活，其祖师爷是罗真人，即唐代才子罗隐。传说罗隐曾为唐宪宗整理龙发，使宪宗非常高兴，便给他赏赐，罗隐婉拒而去。第二次去皇宫时，皇帝让他传授技艺，罗隐只挑中了一个叫陈七子的人，收他为徒。

理发业有部行业经典《净发须知》，其中有多首咏理发工具的诗，如刀诗：“一柄宝刀刃如霜，仙人分付与本行。借问造时是宝铁，巧匠锻炼使纯钢。”此外还有镊钗诗、手巾诗等等。

（十二）挑水业

古时候没有自来水，用水都要到井里、河里去挑。挑水业也称为配水业、水屋子、井窝子，就是指供应河水、井水的水铺。旧时城市水铺卖水给居民，每个水铺掌柜都有数口水井，并有若干名水夫为水井附近的几条街道送水，这几条街道称为“水道”。和脚夫等一样，水铺业也划分地盘，不许越界经营。

北京挑水业供奉井泉龙王，井旁多建有龙王庙，水屋或井旁的小屋中也设有龙王的牌位。

（十三）粪业

人畜粪便是天然肥料，粪业就是一个处理人畜粪便的行业，又称肥行。旧时北京的住户多自备厕所，粪便由粪夫来清除。他们将粪便推到城外的粪厂去卖，粪厂再将粪便晾晒成粪干，作为肥料卖给农户。

粪业供奉“三财”，即三位财神，中为关公、左为赵公明、右为增福财神。有这“三财”庇护，粪业被称为“化腐朽为神奇”的行业，是一个生财的行当。

（十四）救火会

古代民间有救火会、水龙局等救火的公益组织，有一些专职或半专职的人员，如专门负责瞭望、打钟报警的，有通知联系的等等。

专业的消防队起源于宋朝。宋仁宗登基后，根据当时火灾频发、破坏严重的现象，制定了严密的消防措施，从京师的厢军中挑兵选马，经过严格训练，组建了世界上第一支设备齐全、分工精细的专业消防队伍，名为军巡捕。当时的汴京城中，每三百步左右就有一所设在高处的“军巡捕屋”，每所日夜轮流设五名士兵值班，在楼上观望，楼下住着专门灭火的军士，还存放大量救火器械。值班士兵一旦发现火患，便迅速报于楼下军士，他们便带着消防器械到失火地

点扑救。军巡捕不仅观火、灭火，还防火，他们每夜都有人出巡，走街串巷督促居民按时熄灯等。

（十五）医药行

医药行包括医生、药铺、药农、药商贩等。

懂药者多知医，医者必善用药，医和药自古相融，用来解除人们病痛之苦。中国古代医药业“名人”辈出，被称为名医的成百上千，仅是那些经常在各地庙宇中被作为医药之神供奉的就有四十五位，如扁鹊、张仲景、华佗、孙思邈、葛洪、李时珍等，他们中有的医术高明，有的更善于制药，多数都有“妙手回春”“药到病除”的美誉。他们中有的还留下了传世名著，供后人学习参考，如唐代著名医学家孙思邈被奉为药王，著有《千金要方》《千金翼方》等，又如明代著名的医药学家李时珍，著有药学名著《本草纲目》等等。

（十六）接生婆

接生婆又叫收生婆，遇有女子生产，她们便受雇前去收生。接生婆的门前都挂着一块招牌，上面写着“祖传某奶奶收生在此”（其中的某一般用接生婆的姓代替）。

民间的接生婆除接生外，在婴儿出生后三天，都要由其对婴儿进行洗三仪式。这一天，婴儿家中对接生婆酒食款待，然后由本家在桌上供上神祇、并床公、床母之像，供品为五盘点心，则正式进行洗三仪式。洗完后，将小儿的脐带盘在肚上，敷上烧过的明矾末，用棉花捆好，然后看小儿的脐带几天落下，以预卜其将来。

明朝时还有一个职业叫作稳婆，主要为宫廷服务。她们有三个职责，一是与接生婆相通；第二是对宫廷选女进行检查，即对入选宫女进行裸体检查；第三个则是对入宫的奶婆进行检查，看其是否有疾病，并按乳汁厚薄制定级别来喂养皇子或公主。

八、军政官衙

（一）军旅

军旅也是一种行业。清代的八旗子弟一出世就有一份旱涝保收的粮饷，被称为“铁杆皇粮”，他们的主要职业就是从军。

历史上各朝各代都设有军队，以维护国家和平，保证国家统一。大多朝代也会对军队进行分类。如元代军队按士兵民族成分不同，分为蒙古军、探马赤军、汉军和新附军四类。蒙古军都为蒙古人，男子 15 岁以上、70 以下全部编入军制，“上马则备战斗，下马则屯聚牧羊”；探马赤军是从蒙古各部中抽调的一部分军队，专门用来充任攻打城池的前锋以及战后留驻占领区域的军队，经常冲锋陷阵、出生入死；汉军主要包括金末汉地的地主武装，其主要作用是稳定南方局势；新附军又称南军，由南宋投降元朝的军队组成，此军队不参战，多在边陲之地从事屯田和工役造作。

军人奉“忠义神武”的武将关羽为军神，因为军人首先就要有服从长官的“忠心”。过去军人家中都挂关公神像，两侧贴上对联，上联是：“兄玄德，弟翼德，德兄德弟。”下联为：“师卧龙，友子龙，龙师龙友。”横批：“亘古一人”。

（二）胥吏

胥吏分布在古代中央及各地府县的户、吏、刑、兵、礼、工这六部或六房、六科中，他们是官衙中的负责文笔案牍的小吏，也叫书吏、刀笔吏、书办、牍吏等等。各类胥吏中最重要的是掌管钱谷的钱粮书吏和掌握刑名的讼师。

胥吏供奉的祖师为苍王，苍王即仓颉，是字祖。因为办理文案，要时时与文字打交道，这样就离不开字祖了。还有的敬奉三郎神，即秦朝的三郎官。北京的胥吏供奉的是一位叫“毛老头”的人，传说他是明代时的广东人，皇帝朱元璋曾向他询问修建藏书楼的选址建议，毛老头说出了自己的想法，并被朱元璋采纳，而朱元璋却残忍地将毛老头活埋在藏书楼的后湖边上，用如此方法让他看管那些档案书籍。果然，过了许多年后，那些档案书籍毫无损坏。

（三）衙役

衙役是指衙署中的役卒，俗称其为“差狗儿”，又因为官衙大门有六扇，因此还有叫他们傍六扇门的。

各州县中的衙役大致有三种，称为“三班”。

一种为快班，即捕快，专管城乡间的偷、抢、奸、杀、赌、娼等案件，负责持拘票（地方官用朱笔当堂写的“立拿人到案”的堂谕）或火牌（形状类似泥工调灰的泥掌，上画有虎头、中是地方官员朱笔所画“行”字、下是火焰，背面是白底黑字“立拿某人到堂听审”）去抓人。他们常常骑马去拿人，因此也叫马快。

第二种为皂班，包括皂与隶两种，是衙门里的打手，即执行官员“棍棒伺候”命令的人，若他们收了犯人的贿赂，就会“假打”。皂班还叫吼班，因为知县升堂审案时他们要吼“虎威”。

第三种叫壮班，即壮年的武装，是负责执行差役的命令以及保卫衙门和知县安全的人。

（四）狱卒

狱卒即古时候的监狱警察。

古代最早的刑狱之官是尧舜时代的皋陶。传说他有一头带角的羊，他将那

些有犯罪嫌疑的人押去让角羊闻，若此人有罪，羊就去撞他，无罪则不撞。

宋以后，萧何被奉为狱神。萧何曾辅佐刘邦建立汉初的法制，制定了汉朝最初也是最重要的法典《九章律》，因此他也被称为“定律之祖”。

（五）师爷

师爷就是古代主要官员的参谋和秘书，“师爷”一词是对这些官署幕僚的尊称和习称，也称其为幕友、幕宾。

师爷一行由来已久，我国师爷最著名的出处当属清代的浙江绍兴府，当时的绍兴师爷名闻天下，甚至“绍兴师爷”这四个字不仅代表了绍兴府一地的师爷，而成为全国师爷的通称。有人曾因此将“绍”字概括为“搞来搞去，终是小人；一张苦嘴，一把笔刀”。

古时的师爷们也是身处官场，他们大多具有广博的学识、多谋善断、洞达世情、周知利弊，且八面玲珑、交友广泛，颇能为主人排忧解难。然而，师爷与主人的关系是宾主关系，师爷要做幕主的良师益友，知无不言，言无不尽，而并非是俯首乞食、敛眉就衣，对幕主屈从。师爷们要求自己对主人做到三点：尽心、尽言、不合则去。因此，鲁迅曾说：“我们绍兴师爷的箱子里总放着回家的盘缠。”

（六）清客

门客在我国是一个历史悠久的职业，早在春秋战国时期，许多权贵轻财好士，形成了养士的风气，门下食客常常有数千人。

清客便是在富贵人家帮闲凑趣的一类门客，也叫幕客、篾片等。他们一般都身怀才艺，精通琴棋书画等来讨主人的欢心。关于清客概貌，古时流传着一首十字令：“一笔好字，二等才情，三斤酒量，四季衣服，五子围棋，六出昆曲，七字歪诗，八张马钓，九品头衔，十分和气。”除此之外，还有最重要的两点，清客们要八面玲珑、机巧伶俐才行。

有人把清客分为三等。上等清客学问数一数二，而命运不佳，做不上高官显宦就做起高人隐士，携毕生学问投靠到势利门下，李笠翁和陈眉公等都属于这类人。中等的清客有十要十不口诀："一团和气要不变，二等才情要不露，三斛酒量要不醉，四季衣服要不当，五声韵律要不错，六品官衔要不做，七言诗句要不荒，八面张罗要不断，九流通透要不短，十分应酬要不俗。"下等清客首先要念过书，略通斯文，得比市井之人强，其次要会钻营巴结等。

（七）长随

长随是官吏的仆役，称为此名，可能因为他们长随主人身后。

长随分在官宅内、官宅外以及官宅内外之间当差的三类，并分别有不同的分工和称号。在官宅内当差的人中，守官府大门的叫门上，掌管官印的叫佥押，管膳食的叫管厨；在官宅外当差的人中，掌管仓库的叫司仓，出外办事的叫办差；而介于官宅内外当差的又叫跟班，主要侍奉在官吏左右，出门时也与官吏同行听候差遣。

长随这一行祭拜的神为钟三郎。据说钟三郎是"东郭先生和狼"故事中那只忘恩负义的中山狼。有句俗语道"子系中山狼，得志便猖狂"，因此中山狼也用来形容小人得志，这正与长随们心理相仿。他们身份低微，常被人呼来唤去，而又总在与达官贵人接触，便极易产生小人巴望得志的心理，企盼有朝一日能发迹。然而，中山狼固然没有一个好名声，因此，他们对钟三郎的祭拜总是晚上关了门悄悄进行。

（八）太监

太监是一个特殊的职业，也是封建社会中的一个畸形职业，做太监要对男性进行阉割，即用刀子割掉其外生殖器。

封建社会时，太监们出入宫闱，侍奉皇帝、太后、皇后、嫔妃，也做些力

役杂活。不仅皇宫，王公大臣的私宅也有用太监的，所以虽然代价很大，但当时太监也成为了社会上一条谋生的出路。

做太监要越小阉割越好，这样才能长得俊美，才利于在宫中发展。被阉后成为太监的人，生理会发生很大变化，声音娘娘腔，而且长期小便不能自禁，身上便有一股酸馊味。并且在心理上，太监都有自卑感，特别是中老年太监，脾气更是喜怒无常。由于雄性激素少，雌性激素分泌增加，他们臀部和腿部皮下脂肪增厚，身体重心由胸部移至腰部，走路很像女性。

九、江湖游民

（一）命相家

命相家是指那些用相术、推八字、算卦、测字等方法为人预测吉凶、推断命运气数的搞迷信的职业者。命相家主要有相士、相面先生、卜卦先生、测字先生、算命先生等诸多称呼，从中也可反映出他们相命采取的不同方法。从事命相行业的人，多数都很有文化，不少是落魄的文人。他们常自称“半仙”“小神仙”“赛神仙”“小诸葛”“活周公”等等，以表示自己不凡的本领、卜算的准确。此外，命相家们根据活动方式不同也有不同称谓，如堂而皇之开馆算命的称为“坊子”，在外摆摊的称为“垛子”，而在外走街串户的则称为“游坊”。

其中游坊类多为瞎子，他们手拿胡琴拉着小调，胸前总挂着一块牌，或银制，或铜制，或为黑漆红字的牌，上面写有“算命”二字。瞎子一般由一个牵引人带路，牵引人充当瞎子的眼睛，会把看见的情况用隐语告诉瞎子，以使他心里有数，从而可以算得准确。如某家办丧事，牵引人则告诉他“白的，好生掐”，若是父丧则说“天老”，若为母丧则为“地老”，瞎子还会根据牵引人所提供的信息，“算出”所谓的“克父克母”“克夫克妻”等，并指出“禳解”的办法，来骗取更多钱财。

命相家多奉伏羲、周文王为祖师。相传最早的一部占卜书《周易》就是伏羲画卦、文王作辞的。旧时卦摊的桌围布或布招上常有“文王八卦”“周易神卜”“卜文王课”等字样，字下则画上八卦太极图案。

（二）风水先生

风水先生又叫堪舆家、地师。堪舆即风水，

是指房宅基地和坟地的地势，房屋称阳宅，坟墓称阴宅。风水先生们则以为人们选择吉利的宅基地和坟地为职业。另外，风水先生还兼"阴阳生"，负责对死人的"公证"，即为死人批殃榜，将死者出生、死亡年月，何时入殓，何时出殡等记下来交给官府，没有阴阳生开具的殃榜，官府不允许死人下葬。

算卜定居所这一习俗，我国商周时就已出现。后来，堪舆之术也被用于选择墓地，早期只是着眼于地理地势，如墓地要选在背倚山峰，两面有山峰环抱而临河流与平原的地方，以后就渐渐把墓地的优劣与子孙的富贵贫贱联系起来。古代帝王对陵寝的选择更是慎重备至，因为他们认为陵寝之事有关国运兴衰、帝运长久，选择时要派王公大臣、风水官、相度官拿着罗盘仪实地勘察，称为"查穴"或"望势"。无疑，堪舆术中有很多是封建糟粕，但其中也不乏一些有价值的理念。

（三）巫师

巫师这一职业自古有之，是一种装神弄鬼以替人祈祷的职业。汉代时称巫师为"下神"，唐代时则称其为"见鬼人"。巫师，自称可以役使鬼神，看出人家的祸福，以令其早些趋避灾祸。这一行主要利用愚人的无知，在文化程度不高的地区流行很广。

巫师们"作法"时常见的手段是使鬼神上身，然后说一阵胡言乱语，便叫这家烧两件衣服，或拿些牛羊猪狗来敬献鬼神来消灾免祸。

巫师们普遍供奉的神是五大仙，主要是五种动物，这些动物常被冠以人的姓氏或以小说人物命名，被仙化或人形化，同时也可以作为他们"作法"时请下来的神。

（四）巫医

巫医是那些靠巫术行医的人。江湖上常见的一种巫医叫祝由科，是专门进

行“祝由”治疗的部门。祝由治疗不用药物、针灸等，而是将自己画的符焚烧，然后祈祝祖师说出病由，因此称为祝由。

祝由科每到一地，都会挂起一面布招牌，上面写着“祝由科卖符治病”，下面则画着祖师黄帝的神像。他们所用的符，实际是画着各种图形的纸条，巫医就是靠卖这些符给病人治病。祝由主要治疗一些急性的、患者反映强烈的病患，如外伤出血、跌打损伤、小儿痉挛、毒蛇咬伤等。

祝由之术起源很早，传说始于上古的神医苗父，也有说苗父是一种名为“莞”的草，那时人们将这种草卷成狗状，向北祈祷，便可以将病治好。